长输油气管道废弃处置技术

冯庆善　康叶伟　戴联双◎编著

CHANGSHUYOUQIGUANDAO
FEIQICHUZHIJISHU

中国石化出版社
·北京·

内 容 提 要

本书针对陆上油气管道废弃问题,以全方位的视角深入浅出地阐述相关内容,从废弃的基础知识出发,主要介绍废弃的内涵、适用的废弃方式、典型处置流程、法规与标准规范、发展现状等内容,逐步深入到剖析核心处置技术,重点分析管道残留物清理、注浆和拆除等技术,再进一步总结说明深层次的专业技术和管理问题,如废弃管道的环境影响评价、大口径管道废弃处置的特殊关注、废弃管道再利用、处置费用估算与计提等内容,最后落脚到实际案例分析,以期为管道从业者或者感兴趣的读者全面了解管道废弃业务提供帮助。

本书是国内首部针对油气管道废弃的书籍,可供从事油气管道运维、管道施工的工程技术人员参考使用。

图书在版编目(CIP)数据

长输油气管道废弃处置技术 / 冯庆善,康叶伟,
戴联双编著 . —北京:中国石化出版社,2023.8
ISBN 978 - 7 - 5114 - 7147 - 5

Ⅰ.①长… Ⅱ.①冯… ②康… ③戴… Ⅲ.①油气
运输 – 长输管道 – 废物处理 Ⅳ.①X74

中国国家版本馆 CIP 数据核字(2023)第 150031 号

中国石化出版社出版发行

地址:北京市东城区安定门外大街 58 号
邮编:100011   电话:(010)57512500
发行部电话:(010)57512575
http://www.sinopec-press.com
E-mail:press@sinopec.com
北京富泰印刷有限责任公司印刷
全国各地新华书店经销

＊

787 毫米 × 1092 毫米 16 开本 12.5 印张 304 千字
2023 年 12 月第 1 版   2023 年 12 月第 1 次印刷
定价:60.00 元

序

2013年青岛"11·22"事故后，国内管道业界开始关注停用老旧管道的安全处置问题，进而引发对在役老龄管道的判废和废弃处置需求。此后，我国大型管道企业经过多年的研究与实践，形成了管道废弃处置的关键技术，并制定了废弃处置的行业技术规范，填补了行业空白，真正意义上促进了管道全生命周期管理闭环的形成。但是，长输油气管道口径大、里程长，它的废弃是一个较为复杂的系统工程，涉及经济、技术、工程、环境保护、法规标准多个方面。例如，经济方面需要建立在役管道运营期计提废弃处置资金的机制，技术方面需要形成判废的依据以及废弃处置的技术措施，而法规和标准是对废弃业务的合规化和标准化的有力支撑，需要建立在成熟的技术工艺、可行的工程施工和科学合理的环境保护基础上。

我国油气管道事业起步晚，运营历史短，早期并不涉及废弃业务需求，与管道废弃相关的许多问题，业界并没有可行的答案，相关从业者对此也较为陌生。随着国内最早于20世纪70年代兴建的"八三"管道的全部退役，可以说我国管道行业正式拉开废弃处置的序幕。可以预见，当前在役的管道未来均面临废弃的问题，届时管道废弃处置业务规模将更加庞大。然而，当前国内相关的标准、法规并不健全，废弃业务技术体系也尚未形成，仍需强化技术研究和标准建设。在国内废弃业务起步发展的历史当口，有必要系统地对管道废弃问题进行剖析，为促进该业务走向成熟提供有益帮助。

本书在全球视角下，对陆上长输油气管道废弃业务的发展现状、法规和标准情况进行了系统梳理，并结合国内外最新研究成果，对管道废弃方式选择、关键处置技术、大口径管道处置的特殊关注问题、废弃管道的再利用、管道弃置费用的计提等内容进行阐述，是国内首部针对油气管道废弃内容的书籍，也是管道从业者全面了解管道废弃业务的参考资料。

前　言

　　油气管道的废弃（也称报废）是管道全生命周期管理的最后一个重要环节，当管道无改造、修理价值，或者完整性状况恶化到无法保障安全运行的程度时，废弃是管道企业不可避免的选择。管道废弃涉及判废和废弃处置两个重要方面，与之对应的技术或方法则解决管道的废弃依据和安全环保处置问题。

　　我国油气管道发展历史较欧美国家晚，很长一段时期内，业界并不涉及油气管道废弃的问题，相关的技术和法规欠缺。2013年青岛"11·22"事故发生后，国内老旧管道的废弃问题迅速提上日程。此后，以中国石油管道公司（现为国家管网集团北方管道有限责任公司）为代表的大型管道企业开始油气管道判废和处置技术研究。经过多年技术攻关和试验，在油气管道残留物清洗、注浆、拆除等关键技术方面取得了突破，填补了行业空白，并于2018年制定了国内首个报废油气管道处置技术行业标准。虽然，技术和标准从无到有，为当前废弃油气管道的合理处置提供了支持，但是，尚未形成完善的技术体系，且法律法规、管理制度、标准仍旧欠缺，难以支撑我国油气管道事业的健康发展。

　　截至2018年底，我国油气长输管道总里程达136000km，"十四五"末将达到240000km。如此体量的油气管道，未来均面临废弃的问题。目前，我国运行40多年的东北"八三"管道已经全部退役，长度约5000km，即将面临废弃的问题。虽然当前业界解决了关键处置技术问题，但是由于早期管道缺乏弃置费用计提机制，企业面临一次性投入较大处置资金（为建设资金的 30% ~50%）的难题。可见，相关制度的欠缺，已经对我国油气管道事业的发展产生了影响。未来 15 ~25 年，预计国内将有 13% ~70% 的油气管道服役时间达到 40 年，届时油气管道的废弃问题会尤为突出。

当前，我国尚未面临大规模油气管道废弃的问题，业界有足够的时间深入研究，逐步弥补短板，真正意义上形成管道设计、建设、运行维护和废弃的完整业务闭环，从而保障我国油气管道事业长期健康可持续发展。长输油气管道里程长、口径大，辐射区域面积广，沿途环境多样且复杂，如何在保障安全和环境保护的前提下经济合理地废弃，是一个重要且复杂的科学问题，许多方面值得深入研究。

为促进我国油气管道废弃相关技术和管理水平的全面提升，本书基于现有的研究成果，系统地梳理了国内外陆上油气管道废弃相关的发展现状、法规制度、标准规范、处置技术及管理制度，以期让管道业界全面认识油气管道废弃问题，为推动形成适合我国国情的科学有效技术体系和管理制度提供参考。

本书主要基于当前国内外在管道废弃方面的研究和实践成果编写，同时参考了国内外管道领域许多专家、学者的研究成果，在此表示衷心感谢。由于作者水平有限，书中难免存在疏漏和错误之处，敬请读者批评、指正。

目　　录

第1章　概述 ……………………………………………………………（ 1 ）

1.1　废弃内涵 …………………………………………………………（ 1 ）

1.2　油气管道的判废 …………………………………………………（ 1 ）

1.2.1　国外管道判废 ………………………………………………（ 1 ）

1.2.2　国内管道判废 ………………………………………………（ 2 ）

1.3　常见的废弃方式 …………………………………………………（ 2 ）

1.4　管道废弃影响因素分析 …………………………………………（ 3 ）

1.4.1　土地利用 ……………………………………………………（ 3 ）

1.4.2　地面沉降 ……………………………………………………（ 3 ）

1.4.3　土壤及地下水污染 …………………………………………（ 4 ）

1.4.4　管道洁净度 …………………………………………………（ 4 ）

1.4.5　穿跨越水体 …………………………………………………（ 4 ）

1.4.6　土壤侵蚀 ……………………………………………………（ 5 ）

1.4.7　公路、铁路及公共设施穿跨越 ……………………………（ 5 ）

1.4.8　导流问题 ……………………………………………………（ 5 ）

1.4.9　管道材料的分解 ……………………………………………（ 6 ）

1.4.10　生态敏感区 …………………………………………………（ 6 ）

1.4.11　附属设施 ……………………………………………………（ 6 ）

1.4.12　后期监测与维护 ……………………………………………（ 7 ）

1.4.13　废弃成本 ……………………………………………………（ 7 ）

1.5　废弃处置流程 ……………………………………………………（ 8 ）

1.5.1　北美地区 ……………………………………………………（ 8 ）

1.5.2　澳大利亚 ……………………………………………………（ 9 ）

1.5.3　国内 …………………………………………………………（ 10 ）

第2章　油气管道废弃发展现状 …………………………………………（ 12 ）

2.1　国外现状 …………………………………………………………（ 12 ）

2.1.1　加拿大 ……………………………………………………（12）

2.1.2　美国 ………………………………………………………（16）

2.1.3　其他国家 …………………………………………………（18）

2.2　国内现状 ………………………………………………………（19）

第3章　油气管道废弃法律法规 …………………………………（20）

3.1　加拿大管道废弃相关法规 ……………………………………（20）

3.1.1　加拿大国家级法规 ………………………………………（20）

3.1.2　阿尔伯塔省法规 …………………………………………（22）

3.2　美国管道废弃相关法规 ………………………………………（26）

3.2.1　联邦级法规 ………………………………………………（26）

3.2.2　得克萨斯州法规 …………………………………………（33）

3.3　国内法规 ………………………………………………………（37）

3.3.1　国家法规的相关条款 ……………………………………（37）

3.3.2　地方级法规的相关条款 …………………………………（39）

第4章　油气管道废弃标准分析 …………………………………（41）

4.1　国外标准 ………………………………………………………（41）

4.2　国内标准 ………………………………………………………（43）

4.3　标准对比分析 …………………………………………………（43）

第5章　废弃方式的选择 …………………………………………（54）

5.1　一般原则 ………………………………………………………（54）

5.2　基于比较评价的优选 …………………………………………（55）

5.2.1　比较评价主指标 …………………………………………（55）

5.2.2　比较评价的评分方式 ……………………………………（57）

5.2.3　风险可接受水平 …………………………………………（58）

5.3　案例 ……………………………………………………………（59）

5.3.1　工程背景 …………………………………………………（59）

5.3.2　管道废弃的可行技术 ……………………………………（59）

5.3.3　10in 口径输气管道 PL147 的废弃 ……………………（61）

5.3.4　20in 口径输油管线 PL148 的废弃 ……………………（65）

5.3.5　两条管线的综合规划 ……………………………………（68）

第6章　残留物清理技术 …………………………………………（71）

6.1　残留物清理的必要性 …………………………………………（71）

6.2　管道清洗技术简介 ···（71）

　6.2.1　物理清洗法 ···（71）

　6.2.2　化学清洗法 ···（73）

　6.2.3　物理和化学结合清洗法 ·······························（73）

6.3　废弃管道的残留物清洗 ···································（74）

　6.3.1　概述 ··（74）

　6.3.2　清洗原则 ··（74）

　6.3.3　洁净度要求 ··（75）

　6.3.4　动力源 ··（75）

　6.3.5　残留物相关问题分析 ··································（76）

　6.3.6　残留物的清洗方法 ····································（78）

　6.3.7　组合清洗工艺流程 ····································（79）

　6.3.8　废弃管道组合清洗案例 ································（83）

第7章　注浆技术 ··（86）

7.1　注浆的必要性 ··（86）

7.2　注浆材料选择 ··（86）

　7.2.1　注浆原材料 ··（86）

　7.2.2　固化剂 ··（88）

　7.2.3　添加剂 ··（88）

　7.2.4　注浆材料配比 ··（89）

7.3　注浆工艺方法 ··（90）

　7.3.1　注浆方法 ··（90）

　7.3.2　注浆工艺 ··（91）

　7.3.3　充填效果检测 ··（93）

7.4　报废管道注浆案例 ··（93）

　7.4.1　改性水泥注浆材料案例 ································（93）

　7.4.2　水泥－粉煤灰注浆材料案例 ····························（94）

第8章　拆除技术 ··（95）

8.1　概述 ··（95）

8.2　拆除流程 ··（95）

8.3　管道开挖 ··（96）

8.4　管道切割 ··（97）

　　8.4.1　管道切割方法 ……………………………… （97）

　　8.4.2　切割技术的应用原则 ……………………… （100）

　8.5　管道的回收 …………………………………… （101）

　8.6　石棉涂层的处理 ……………………………… （102）

　8.7　管沟回填 ……………………………………… （103）

　8.8　管道装载与运输 ……………………………… （104）

　8.9　地貌恢复 ……………………………………… （104）

第9章　环境社会经济影响评价 ……………………… （105）

　9.1　环境社会经济影响内涵 ……………………… （105）

　9.2　评估目的 ……………………………………… （105）

　9.3　评估流程 ……………………………………… （105）

　9.4　评估的范围 …………………………………… （106）

　9.5　评估的详细程度 ……………………………… （106）

　9.6　影响评估过程 ………………………………… （108）

　9.7　累积影响评估 ………………………………… （109）

　9.8　案例分析 ……………………………………… （110）

　　9.8.1　工程背景 …………………………………… （110）

　　9.8.2　评估过程 …………………………………… （110）

　　9.8.3　评估情况总结 ……………………………… （114）

第10章　大口径管道废弃处置 ……………………… （115）

　10.1　引言 …………………………………………… （115）

　10.2　注浆填充率取值分析 ………………………… （116）

　　10.2.1　填充的必要性 …………………………… （116）

　　10.2.2　土壤塌陷建模 …………………………… （116）

　　10.2.3　管道填充后对土壤沉降深度的影响 …… （117）

　　10.2.4　管道填充率取值推荐 …………………… （118）

　10.3　清洗洁净度指标取值分析 …………………… （119）

　　10.3.1　海底管道清洗质量指标 ………………… （119）

　　10.3.2　陆上废弃管道清洗指标取值 …………… （120）

第11章　管道废弃处置的特殊考虑 ………………… （122）

　11.1　废弃天然气管道中的PCBs问题 …………… （122）

　　11.1.1　PCBs简介 ………………………………… （122）

11.1.2 天然气管道的 PCBs 来源 ·· (123)

11.1.3 美国的 PCBs 管理要求 ·· (123)

11.1.4 中国的 PCBs 管理要求 ·· (130)

11.1.5 PCBs 污染物的处置方法 ·· (131)

11.1.6 影响分析 ··· (132)

11.2 废弃油气管道中的 NORM 问题 ·· (132)

11.2.1 NORM 简介 ··· (132)

11.2.2 油气工业中的主要放射性源及元素 ···································· (132)

11.2.3 天然放射性物质的危害 ··· (133)

11.2.4 NORM 监管要求 ·· (134)

11.2.5 NORM 废物处置 ·· (135)

11.2.6 NORM 去污 ··· (136)

11.2.7 油气行业 NORM 案例分析 ·· (138)

11.2.8 影响分析 ··· (139)

第12章 废弃管道再利用 ··· (141)

12.1 再利用形式 ··· (141)

12.1.1 作为废铁 ··· (141)

12.1.2 移位继续使用 ··· (141)

12.1.3 作为管件利用 ··· (142)

12.1.4 作为缆线通道 ··· (142)

12.1.5 作为改输其他介质的管道 ·· (142)

12.1.6 作为研究对象 ··· (143)

12.2 再利用检测评价 ·· (144)

12.2.1 理化性能测试与材料适用性评价 ·· (144)

12.2.2 管道全尺寸试验评价 ·· (146)

12.2.3 剩余强度评价 ··· (146)

12.2.4 其他检测评价 ··· (146)

第13章 油气管道废弃费用估算与计提 ··· (147)

13.1 废弃费用计提的必要性 ··· (147)

13.2 国外废弃费用计提做法及案例 ··· (147)

13.2.1 美国 ·· (147)

13.2.2 英国 ·· (148)

    13.2.3　加拿大 ···（149）

  13.3　管道弃置费用估算方法 ···（160）

    13.3.1　管道资产废弃方式 ···（160）

    13.3.2　管道资产弃置成本构成 ··（160）

    13.3.3　管道资产弃置成本估算方法和步骤 ···（161）

    13.3.4　管道弃置费用估算单价制定 ··（166）

    13.3.5　油气管道资产弃置费用计提方法 ··（169）

第14章　油气管道废弃案例 ···（171）

  14.1　就地废弃案例 ··（171）

    14.1.1　加拿大马尼托原油管道 ··（171）

    14.1.2　加拿大 Enbridge 公司 3 号线管道废弃案例 ·······································（172）

  14.2　拆除为主的废弃案例 ···（174）

  14.3　就地废弃为主拆除为辅的废弃案例 ···（176）

    14.3.1　美国密歇根州卡拉马祖（Kalamazoo）管道废弃 ·································（176）

    14.3.2　加拿大特纳瓦利 2 号管道 ···（177）

    14.3.3　美国 Northwest 管道废弃案例 ··（179）

    14.3.4　加拿大 TransCanada 和平河管道废弃案例 ··（180）

  14.4　计划废弃但未获批的案例 ··（181）

第15章　总结与展望 ···（183）

致谢 ···（184）

参考文献 ···（185）

第1章 概 述

导 读

　　本章介绍陆上油气管道废弃的一些基础内容，包括废弃内涵、判废做法、废弃时需考虑的因素、如何选择废弃方式、典型的废弃处置流程等，从中也可窥见不同国家在管道废弃方面存在的一些差异。

1.1 废弃内涵

　　管道无改造、修理价值，或者完整性状况恶化到无法保障安全运行的程度时，废弃是管道企业不可避免的选择。目前，管道废弃尚无全球统一的定义，北美地区的定义认可度较高，特指永久停止输送服务的管道（对管道企业而言）。管道废弃涉及判废和废弃处置两个重要方面，与之对应的技术或者方法则解决管道的废弃依据和安全环保处置问题。

1.2 油气管道的判废

1.2.1 国外管道判废

　　北美地区油气管道存量规模最大，占全球油气管道总长度的45%。该地区高达70%以上的管道属于始建于20世纪70年代或以前的"老"管道。目前，北美地区许多长输管道已服役超过50年，因此该地区涉及管道废弃业务较其他国家/地区早，其在管道废弃方面的做法对其他国家具有借鉴意义。

　　由于国外油气管道运营商多为私企，其管道判废是企业自我决策的过程，管道企业主要根据上游资源、下游市场、管道完整性状况，以及管道运营的经济性等因素决定是否废弃管道，但是受监管机构的监督。管道企业废弃管道时需向监管机构提出申请，只有获得批准后才能实施废弃处置工作。以北美地区为例，通常的判废流程如图1-1所示。

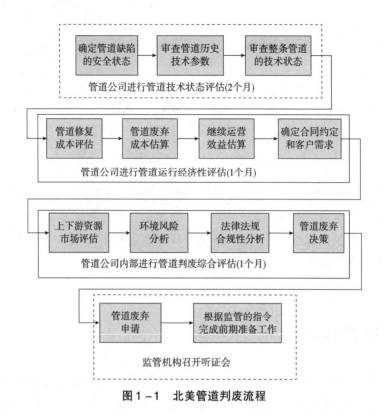

图1-1 北美管道判废流程

1.2.2 国内管道判废

目前，国内管道判废主要依据《特种设备安全检查条例》和《关于规范和推进油气输送管道法定检验工作的通知》的要求：对于存在严重事故隐患，无改造、修理价值，或者已达到安全技术规范规定的报废条件的管道，管道企业应当依法履行报废义务。此外，GB 32167—2015《油气输送管道完整性管理规范》、GB/T 37190—2018《管道腐蚀控制工程全生命周期通用要求》和 GB/T 31468—2015《石油天然气工业　管道输送系统　管道延寿推荐作法》给出了基于管道剩余寿命（或者完整性评价结果）和延寿可行性的管道废弃原则，但尚未建立专业的技术判废标准。

1.3　常见的废弃方式

油气管道常见的废弃方式包括管道拆除和就地弃置（也称就地废弃，即将管道原位留置）。其中，管道拆除方式能够彻底消除管道未来的安全和环境隐患，但是工程量大、成本较高，适用范围受管道所处的地理环境限制，一般占压管道难以拆除；就地弃置方式，是目前国际上最为广泛采用的方式，一般需要根据管道所处的环境情况采取额外的技术措施以降低埋地废弃管道可能引发的安全和环境影响，具有成本适中、对环境破坏小等特点。

对于长输油气管道，单一的废弃方式并不科学，往往是采用管道拆除和就地弃置的组合形式。

1.4 管道废弃影响因素分析

油气管道废弃是一个综合性问题，废弃方式的选择应基于详细的现场评估、管道企业的特殊关注，以及不同技术和环境因素的考虑决策。其中，管道废弃时的环境与技术方面，重点需要考虑土地利用、地面沉降、土壤和地下水污染、管道清洗、穿跨越水体、土壤侵蚀、公共设施与管道交叉、导流效应、管道相关附件、废弃后的监测，以及废弃成本等相关问题[1]。

1.4.1 土地利用

土地利用是选择管道废弃方法首要考虑的因素，其中土地预期使用目的是影响决策的重要因素。为此，在确定管道废弃处理方法之前，必须对管道施工作业带沿线的土地现状和潜在的使用可能进行详尽细致的调研。就地废弃的管道可能会成为日后土地使用的障碍物，如妨碍地基开挖、打桩、深耕及建筑物地下排水管铺设等。为确保决策的正确性，必须广泛收集相关资料，包括土地所有者、租户及政府机构等方面的信息。

1.4.2 地面沉降

长期就地废弃的管道因结构退化可能导致一定程度的地面沉降，这对于大口径管道是一个需重点关注的问题，因为可能引发环境和安全问题。地面沉降可能创建水流通道，即导流现象，引发后续的土壤侵蚀，导致表层土壤损失，进而影响土地的使用和美观，甚至造成安全风险。然而，就地废弃管道引起的地面沉降速率较难预测，相关影响因素包括管道邻近地区的腐蚀、管道壁厚和内径、管道外衬的质量、管道埋深、土质、管材衰退机制及水土流失机制等。

现今已经有一些对废弃管道腐蚀和坍塌速率的研究成果。在 1996 年，加拿大地学工程有限公司建立模型，研究管道塌陷后引发土壤沉降的程度，结果表明：在一段较长的管道上不可能发生大量土壤沉降，有可能发生的情形则是土壤慢慢通过管壁穿孔流入管道中。由于土壤湿胀的因素，埋深小于 1m 的管道，直径 300mm 的空隙是不引起地面沉降或者导致沉降影响小的最大尺寸。对于管径较大的管道，腐蚀造成的损伤会引起一定的土壤沉降，但多数在可接受范围内。

由此可见，管道就地废弃与地面沉降之间的关联并不明显。若选择就地废弃，应规定地面沉降允许范围的指标，进行实地后续跟踪，也可以采用仿真软件验证关于地面沉降计算的合理性；对于拆除废弃的管道，由于管道的移除会对土壤结构造成一定影响，管沟引起地面沉降的可能性相对更大。

1.4.3　土壤及地下水污染

若废弃管道所在地曾遭受土壤或地下水的污染，则需要在管道废弃工作开始前将所有的污染清理完毕，直至符合当地法规要求后，才可以开展管道废弃工作。在制订管道废弃工作计划时，也需要考虑管道废弃施工中可能造成的土壤及地下水污染，并选择恰当的清管程序。若废弃管段含有无法通过常规清理和清管有效清除的有毒物质，如多氯联苯、石棉衬垫等，则应将其拆除并进行回收。而对于遗留在管壁上的水处理类化学试剂、管道涂层及涂层降解物等污染源，只要配合完善的清管工作，就可以从源头上抑制污染，进而选择就地废弃处理。

1.4.4　管道洁净度

无论选择哪一种废弃处理方法，管道洁净度都是重要的参考因素。研究表明：对于选择拆除处理方式的废弃管道，管道洁净度必须确保管道内剩余的残留物对于管道日后的正常使用不会造成潜在的阻碍和伤害，尤其是对于日后有其他较为严格使用要求的废弃管道（如打桩），通常需要更为严格的管道洁净度。对于就地废弃的管道，若管内仍残存污染物，则可能因就地废弃管道未来发生腐蚀穿孔而造成污染物外漏，从而造成土壤或者地下水污染。可见，无论选择何种处理方式，都必须确保管道清洁，但相比之下，选择就地废弃的管道通常对于洁净度的要求更高。

目前，国外一些油气管道标准对废弃管道残留物的清理有原则性规定，但是在清理洁净度方面尚无统一指标，在实际操作过程中，以达到当地环保要求为宗旨。随着人们环保意识的增强，许多国家对管道处理后的残留油含量有规定，如泰国推荐清洗后油和脂含量小于 15×10^{-6}，拉脱维亚要求清洗后油的含量低于 30mg/L，巴西则要求油含量小于 20×10^{-6}。

1.4.5　穿跨越水体

在穿越水体的地区，管道废弃方式的选择受众多因素影响。对于直接穿跨越河流的管道及穿越湿地（包括沼泽地、泥潭、河滩地区）的管道，都必须因地制宜，进行详尽分析，权衡管道就地废弃的潜在污染风险及拆除成本和污染风险。需要考虑的因素包括水体流动性、管道穿跨越设计、土壤特征、滑坡稳定性、环境敏感性等。

根据以往经验，在大型水体穿越地区，更倾向于选择将管道就地废弃的处置方式。如果选择就地废弃的管道有并行的在役管道，则需要进一步评估相关风险，以最终确定采取何种处理方式。对于最终选择就地废弃的管道，必须确保管道内彻底清洁、无残留物。因为长时间埋地的废弃管道不可避免地会发生腐蚀穿孔，若管道内含有污染物，则存在外漏造成水体污染的风险。

1.4.6 土壤侵蚀

土壤侵蚀问题贯穿管道的全生命周期，尤其当涉及滑坡问题时更应引起注意。不同地区由于地理位置差异，受侵蚀影响程度差异较大。例如，相比森林植被地区，原生牧场耕地的土壤对于侵蚀及滑坡的敏感程度更低。如果整条管道或部分管道需要拆除处置，则对于侵蚀和滑坡的考虑与管道最初建造时的考虑相似，考虑的因素包括交通、土壤紧实度、土壤风化及水侵蚀等。此外，部分管道可能会作为坡体的支撑物，如果将这些管道拆除，可能影响坡体的稳定性。因此，对于不稳定土坡地区的废弃管道，通常建议采取就地废弃的处理方式，因为如果将管道拆除，需要采取较多的恢复措施。

1.4.7 公路、铁路及公共设施穿跨越

处理穿跨越公路、铁路和其他公共设施的废弃管道时，需要考虑的因素包括：管道外径、管道埋设的详细参数(包括埋深)、地面沉降的可接受范围、管道开挖造成的影响、对其余阴极保护系统(如其他穿跨越管道的阴极保护系统)的影响及长期发展规划，特别需要考虑公路和铁路对于管道废弃造成的地面沉降的敏感度，以及管道废弃过程中或废弃后造成的交通中断。为避免这些情况发生，可能需要采取更加严格的管道废弃处理措施，包括向废弃管道内填充加固材料。

1.4.8 导流问题

废弃管道可能成为水流通道，从而导致不自然的排水和物质输送，这是管道废弃需要关注的问题之一，特别是对于就地废弃的管道。因为就地废弃的管道最终会因腐蚀穿孔而导致水流渗入，并沿管道流到其他区域，形成局部沼泽、泥潭、湿地等，从而破坏原有的生态平衡。与此类似，水土不稳定地区也可能被管道穿孔后流出的水冲刷而导致水土流失。如果有水流在腐蚀穿孔后的管道内流动，则可能将管道内的残余污染物冲刷入现有河流中，从而造成水流污染，甚至可能造成土壤污染。

为避免废弃管道腐蚀穿孔后导流现象的发生，必须以适当间隔设置管塞对管道进行密封封堵。而具体的管塞位置，必须考虑可操作性及由此对土壤造成的影响，表1-1为管塞的推荐使用位置。

表1-1 管塞的推荐使用位置

地势特征	管塞位置
贮水池/河道	河岸上方
河岸长坡(长度200m以上)	坡底部及顶部，对于特别长的坡，则在中部增设1个
河滩	在交界处
较为敏感的地区(如自然公园、保护区等)	在交界处

地势特征	管塞位置
靠近瀑布、浅的地下蓄水层、地下水流入及排出地区、沼泽、湿地及高地下水位地区	在交界处,必须设置 1 个足够长的缓冲区
具有文化特征的地区(如人口密集地区)	在交界处

管塞必须牢固地附着在管体上,具有防水、不渗透、不萎缩、防腐性能。合适的材质包括水泥、聚氨酯泡沫体,防水不渗透的泥瓦制管塞也是可行的选择。如果拆除管道,必须阻止水流经过尚未压实的管沟。

1.4.9　管道材料的分解

按质量计算,管道含有 97% ~99% 的铁,以及 0.5% ~2.0% 的锰,0.5% ~1.0% 的铜、镍、钼、铬和碳,而微量元素(少于 0.1%)有硫、磷、锡、铅、铋和砷。管道涂层含有的物质类型有煤焦油、磁漆、聚乙烯胶带、石棉、沥青、高密度聚乙烯和熔结环氧树脂。目前,聚乙烯和熔结环氧树脂是使用范围最广的涂层。20 世纪 50 年代和 60 年代使用的管道涂层包括吹制沥青或者被玻璃纤维布、沥青纸、粗麻布或者石棉毯覆盖的煤焦油沥青。管道因腐蚀而释放出的金属扩散的可能性较低,而且一般不会被作为潜在的环境威胁。然而,涂层或者衬里中含有石棉或者煤焦油(可能含有有害的多氯联苯)的管道,应进行更谨慎的处理,可能需要根据环境影响评估和测试的结果,采取管道拆除而不是就地弃置。

1.4.10　生态敏感区

位于生态敏感区(如国家和省级公园、生态保护区、湿地、重要环境敏感区域)的管道通常宜就地废弃,因为在这些区域拆除管道会导致不必要的环境干扰,特别是在沼泽和湿地环境下。一些情况下,位于生态敏感区的管道拆除是最好的选择,如在加拿大北部地区,因为土壤、地下水及温度条件有利于冻胀现象的发生,有可能引发管道的表面暴露。

拆除位于环境敏感区的管道时,宜在环境专家的监管下进行,以避免可能造成的污染。倘若有残留介质泄漏的风险,管道拆除小组应该携带溢油处理材料,以方便在发现管道泄漏时能够快速地进行清理。管道拆除小组还应该采取措施来稳固地表、防止边坡破坏和水体淤积,并且在需要的情况下使用围栏。另外,在管道切割的过程中,应使用收集容器来收集所有残留的液体。

1.4.11　附属设施

制订管道废弃计划时,必须考虑管道附属设施的拆除、搬迁及销毁。包括:阀门及操作部件、分支管路;储罐、隔堤、防火堤;清管器收发装置;管道的连接装置、内衬等;

阴极保护测试桩、接地床；通行道路、门、围栏；其他附属设施，如无线电天线、厂房、电缆、电力设备及监视设备等。

对于就地废弃的管道，推荐拆除所有地面及地下(埋深1m)的附属设施，并设立明确的标识桩标记管道的埋设位置(包括地面及空中标记)。所有无法拆除必须遗留在现场的设施都必须加以安全保护，并且做好标记和记录，确保其对周边人员、设备、野生动物及家畜不造成伤害。无论采取何种管道废弃处置方式，附属设施的拆除都是必须考虑的问题。

1.4.12 后期监测与维护

管道废弃是一个完整的系统工程，完成就地废弃或者拆除废弃活动并不意味着废弃工程的结束，之后仍然需要一定时间对当前采取的处理措施进行评估，只有确定安全后，才算最终完成管道的废弃工作。

可能的持续性监测包括以下几个方面。

1)对管道线路进行空中巡逻和图像分析，确保有足够的再生植被及检查是否有管道裸露现象。

2)对确认为生态敏感区的地点进行特定巡护。

3)开展杂草监测和控制，确保受到废弃活动影响的地区已恢复到原本的自然状态。

4)确认地下管道的位置及开通电话咨询服务。根据管辖权的要求，当管道采用就地弃置时，经营者应该继续保持和更新管道的警示牌，通过"挖掘前请先打电话(call before you dig)"系统来回应询问。

5)对穿跨越点进行监测，以确保没有发生地面沉降。

6)对因受废弃活动影响而具有很高侵蚀风险的区域，进行持续性的侵蚀控制维护。

1.4.13 废弃成本

管道废弃成本不菲，其成本范围认定也很广泛，既包括由管道废弃施工带来的成本，又包括更多的无形资本，如管道公司的公众形象及环境保护开支等。加拿大统计废弃管道拆除成本为新建管道的30%~50%[2]。影响管道废弃成本的因素包括管道废弃施工消耗的资源、回收废料的价值、需要采取的补救措施(如相关安全保护措施)等。相关的成本还包括后续监测成本、潜在补救成本，以及管道废弃施工造成的不良后果而引起的法律纠纷成本等。法律上的变动也有可能造成后续成本。

一般而言，管道拆除处理比就地废弃消耗的成本大。管道拆除需要进行通行道路设置、管道清洗、管道挖掘、运输和储存，以及修复拆除工程造成的地面环境影响。虽然就地废弃需要进行穿跨越点的管道填充、近水点的管道封堵及可能的后续管道监测和保养，但平均花费远低于管道拆除的费用。加拿大Trans-Canada公司的管道废弃经验表明，管道拆除成本是就地废弃的15~20倍[3]。

1.5 废弃处置流程

1.5.1 北美地区

北美地区监管机构在管道废弃过程中主要负责审批、监督和协调，确保各个环节都符合根据相关法律的要求，以及公共安全、公众利益和环境不会因为管道的废弃而遭到损害。

如图1-2为加拿大管道废弃处置流程[1]。

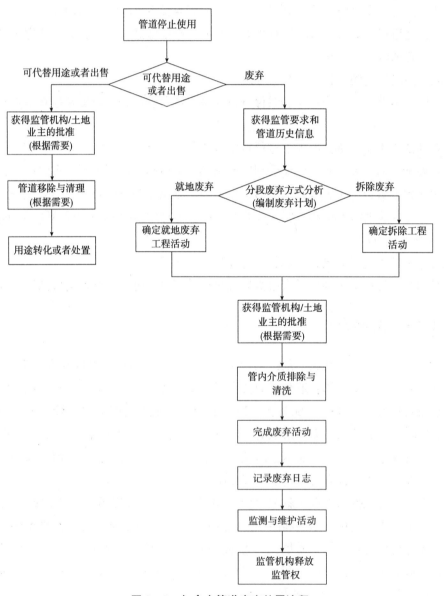

图1-2 加拿大管道废弃处置流程

1.5.2 澳大利亚

澳大利亚在 AS 2885.3—2012《气体与石油液体管道 第 3 部分：运行和维护》标准中给出了管道废弃处置流程，如图 1 - 3 所示。

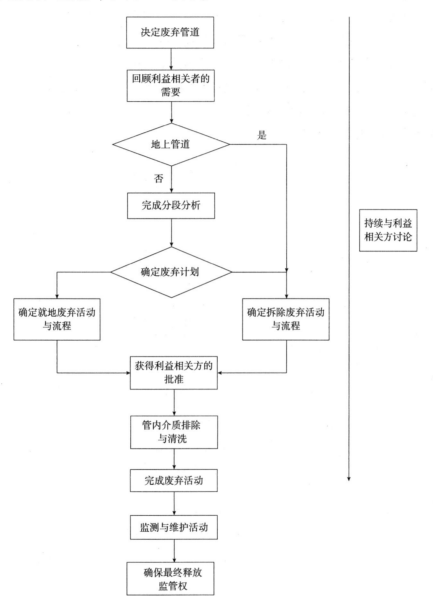

图 1 - 3 澳大利亚国家标准给出的管道废弃处置流程

1.5.3 国内

完整的管道废弃处置流程包括管道资料收集、必要的现场调研、处置方案编制及审查、处置实施、施工验收与备案，如图1-4所示。其中，处置方案的编制应综合考虑法律法规、标准规范、安全环保、处置成本、土地规划等因素；方案审查宜邀请管道运行单位、施工单位、环境保护部门、地方政府部门等代表参与。处置实施时首先进行残留物清理，根据管道输送介质类型，可以采用常规清管的技术手段和组合清洗技术手段，然后确定不同管段的废弃方式，并采取对应的处置技术实施处置，主要是管道拆除和特殊地段弃置管段的注浆处理和/或封堵隔离，特殊情况采取非常规技术手段处理。国内管道废弃处置实施的具体流程如图1-5所示。

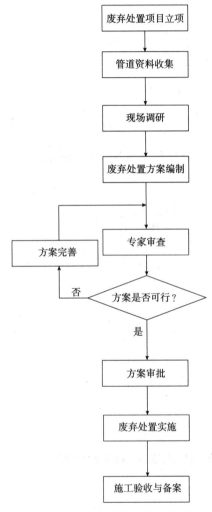

图1-4 完整的管道废弃处置流程

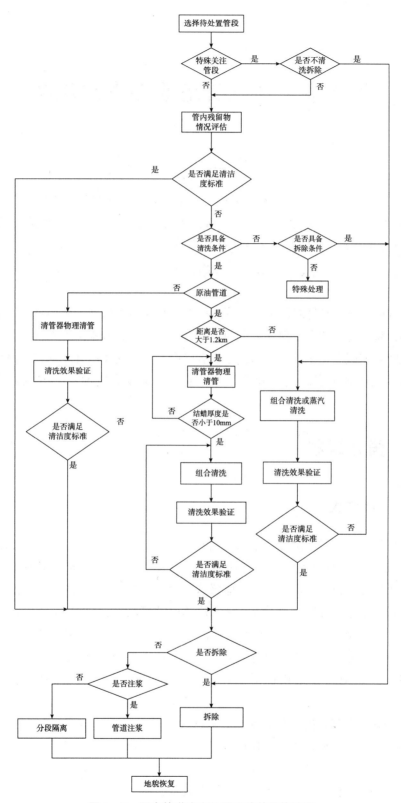

图 1-5　国内管道废弃处置实施的具体流程

第2章　油气管道废弃发展现状

导　读

　　废弃是管道全生命周期管理不可避免的环节，那么当前全球范围内管道废弃业务状况如何？本章通过分析油气管道发展历史长、管道存量规模大的北美地区和我国废弃业务的发展状况，对该问题进行解答。

　　目前，国际上还没有针对陆上油气管道废弃的普遍认可做法。整体而言，北美地区相关研究较多，特别是加拿大。而发展中国家或者欠发达国家和地区，在油气资源利用上起步晚，相关的管道废弃工作尚未受到关注或者研究刚开始起步，并未形成完善的管理与实践体系。而油气资源丰富的国家和地区，在油气管道废弃方面的许多做法与北美地区类似。

2.1　国外现状

2.1.1　加拿大

　　现代能源监管机构对于确保加拿大人持续获得安全、可承受和可靠的能源至关重要。自1959年以来，这一直是加拿大国家能源局（National Energy Board，NEB）的职责。NEB负责制定有关能源项目的决定和建议，监督这些设施的安全和环保绩效，提供有关能源趋势和数据的最新信息，并吸引加拿大人参与。NEB管理着约73000km的国际和省际管道以及1400km的国际电力线[4]。NEB主要规范石油和天然气管道穿越加拿大省或国际边界的建设、运营、废弃过程。跨省及跨国的管道废弃，需要向NEB提出申请，并在NEB的监管下完成工作。NEB会采用以下法律手段及措施来确保企业进行恰当的管道废弃工作[5]。

　　1）确保企业按照规定提交管道废弃工作规划；

　　2）确保企业在制定管道废弃工作规划时，充分地征求土地所有者、原住居民等所有受到影响的相关利益方的意见；

　　3）举行书面或者是口头的管道废弃申请听证会；

　　4）确保企业将管道废弃听证会的举行活动通知到所有会受管道废弃影响的土地所有

者、原著居民等利益相关方；

5）确保公司制订好完善的财务计划，经费预算可以涵盖管道废弃工程中的开支、管道废弃后监控的费用，以及不可预见事件的开支；

6）设定管道公司在管道废弃施工开始前所要满足的基本条件（通常是由听证会的多方协商结果所确定的各种要求）；

7）需要企业对发生的事故进行调查；

8）NEB 会定期地对管道废弃工作进行检查及审计，以确保满足法规要求；

9）实施强制措施（如果公司拒不执行 NEB 的法律规定，则 NEB 有权力采取多种强制措施来确保公司合规）。

2019 年 8 月，新的加拿大能源监管机构（Canada Energy Regulator，CER）取代了 NEB，CER 根据相关法案、法规、规则和指导说明运行。作为政府机构，CER 负责管理法律法规，并实施政府范围内的监管计划。

加拿大省内油气管道的废弃由各省级部门监管。如在阿尔伯塔省，省内不跨越省或国家边界的管道均受阿尔伯塔省能源监管机构（Alberta Energy Regulator，AER）的监管（原阿尔伯塔省能源和公共事业委员会，Alberta Energy and Utilities Board，AEUB），但公用事业管道除外，这类管道由阿尔伯塔省公用事业委员会（Alberta Utilities Commission，AUC）监管[6]。AER 主要依据省内管道法、规则和指令对废弃管道进行监管。

加拿大是目前公布有关陆上油气管道废弃相关资料最为全面的国家，有关讨论与研究长达 35 年。

早在 1985 年，NEB 就发布了一份有关管道废弃背景资料的文件，这一文件代表加拿大管理部门对埋地管道废弃技术的第一次重要考察，1986 年 NEB 签发了进一步的指导信件[7]。

1995 年 4 月，加拿大石油生产协会（Canadian Association of Petroleum Producers，CAPP）、加拿大能源管道协会（Canadian Energy Pipeline Association，CEPA）、AEUB 和 NEB 一起建立了管道废弃促进委员会，同时成立解决管道废弃的技术、环境、法律和金融方面的分委员会。技术和环境委员会首先成立，于 1996 年产生了有关管道废弃的技术和环境议题报告，回顾了管道废弃的可行方式，概述了法规监管要求，讨论了有关废弃选项的技术和环境问题。该工作进一步引出系列问题，最终在 1996 年 10 月初，委员会组建了管道废弃法律工作组，识别并检查油气行业设施和管道废弃的法律责任问题，并于 1997 年 5 月发布相关报告[8]。在该报告中促进委员会对涉及废弃管道的常见问题进行了分析解答。其中，在废弃管道的土地权归属问题上，由于路权的终止会导致管道的拥有权归土地业主，因此需要根据路权协议和废弃的事实确定。一般路权协议规定，如果管道公司没有主动撤销注册的行为，路权协议仍然保持注册状态。但是，阿尔伯塔省法律没有路权协议仅有通行单，土地业主是否拥有废弃后的管道会引起质疑。在阿尔伯塔省，管道许可是永久的，包括就地废弃的管道。但是如果管道公司拥有土地，就不存在这样的疑问；在未来废弃管道的拆除由谁负责方面，如果缺乏法律规定的情况下，由土地开发者负责。但在阿尔伯塔省，AEUB 保持司法权决定是土地开发者还是管道授权者承担成本；而废弃管道引发的环境安全问题则均由管道企业负责；在穿越废弃管道活动的审批方面，需视情况而定。在联邦层面，作为废弃的结果，NEB 对管线的监管权终止，如果管道公司声明土地对管道是多余的，废弃管道是土地的一部分，不需要取得穿越申请。在阿尔伯塔省，由于废弃管道继续处于监管机构的监管范畴，需要获得穿越申请。

2007 年 CEPA 发布了一份"管道废弃设想"的报告，专门讨论管道废弃方案中的技术和环境考虑因素[9]。2009 年 5 月，NEB 发布了废弃决策理由——废弃管道财务议题的报告 RH - 2 - 2008，陈述废弃财务成本的设置指导原则和行动计划。

2010 年 NEB 与挪威船级社（DNV）签订合同，对当前世界范围内有关陆上管道废弃的学术文献进行了梳理，分析和识别有关管道废弃中的研究空白，对将来可能填补这些空白的研究项目提供立项建议。DNV 的文献研究重点从管道废弃环境保护与土地利用、地质灾害、工程及标准规范四个方面进行总结。其中，环境保护与土地利用方面主要对管道废弃时的残留污染物检测、环境保护标准、风险评估、管道可能形成的导流效应、管道材料的分解、管道残留物的清理方法和废液的处理、管道材料的处理、生态敏感区域的管道废弃、水体下的管道废弃等问题进行了相关背景和文献研究情况介绍；地质灾害方面重点分析了地质灾害因素对管体暴露、破裂和崩塌的影响；工程方面主要对废弃管道的外表面腐蚀和结构完整性问题进行介绍，然而学术界的有关研究很少；标准规范方面，对比来自北美、南美、澳大利亚、欧盟和英国等国家和地区与管道废弃相关的标准，结果表明，不同标准本质上并无实质性差异，所有标准对管道运营者必须考虑的内容进行了指导，但并不详细。大多数标准规定，应基于当前和未来的土地利用，以及潜在的安全风险和环境破坏评估实施就地废弃一段管道或者全部拆除的决策，并对就地废弃管道需要采取的主要处理措施给出了要求，包括残留物清理、物理隔离和末端封堵。

近些年，管道废弃促进委员会仍在深入开展管道废弃相关的研究。如研究管道腐蚀机理及其对废弃管道影响，管道清洗清洁度标准，冻土区管道冻胀对管道暴露率的影响，电力线对废弃管道腐蚀的潜在影响，废弃管道的导流效应问题，基于风险的管道废弃决策框架，等等。

CEPA 基于土地利用类型给出的油气管道废弃方式推荐表，如表 2 - 1 所示。基于土地利用和管道口径等参数来辅助管道业主选择合适的废弃方式。对于特殊管道，则需要采用基于风险的全面现场评估来校验所选废弃方式的合理性[9]。

表 2 - 1　油气管道废弃方式推荐

土地类型		管道口径		
		60.3 ~ 323.9mm (2″ ~ 12″)	355.6 ~ 610mm (14″ ~ 24″)	> 660mm (> 26″)
农业用地	耕地	A	A	A
	特殊物种耕地	R	R	R
	非耕地（天然草原、牧场）	A	A	A

续表

土地类型		管道口径		
		60.3~323.9mm (2″~12″)	355.6~610mm (14″~24″)	>660mm (>26″)
非农业用地	现存已开发土地	A	A	A
	未来开发土地	R	R	R
	无未来开发预期的土地(如森林)	A	A	A
其他	环境敏感地(包括湿地)	A	A	A
	公路与铁路	A＋	A＋	A＋
	穿越水体	A	A	A
	其他类型的穿越(公共设施)	A	A＋	A＋

注：A 表示就地废弃，A＋表示特殊处理的就地废弃，R 表示拆除。

任何管道废弃工程初始阶段，现场评估都是必要的，可以帮助确定管道的废弃方式。在实施过程中，管道公司可以决定主要废弃方式和其他备选方式之间的比例。如表 2－1 所示，推荐位于耕种土地上的管道就地废弃。然而，当启动实际的废弃工程时，有可能少部分管道需要拆除或者经过现场考察后进行特殊处理。类似的做法对其他土地类型同样适用。大型管道废弃工程不可能采用一种技术，而是管线拆除与就地废弃的组合，影响不同决策的一个重要因素是当前和未来的土地使用用途。

就地废弃管道时需要考虑未来土地利用的可能性，因为就地废弃的管道可能对未来的土地开发造成物理障碍。研究表明，直径 323.9mm 典型埋深的管道引发的地面沉降可忽略不计，分析进一步表明大口径管道有沉降的可能，但是完全在可接受的范围；水体下的就地废弃管道可能发生漂管，需要注水泥浆或者打孔处理。如果要拆除，则缓解措施与建设时期类似。避免废弃管道充当周围水体的流通渠道的最有效方式是对其进行分段封堵，封堵材料可采用聚氨酯泡沫、土或水泥。

对于拆除的管道，若含石棉纤维的涂层，则通过高压水枪去除涂层，并将使用过的水收集过滤；如果是煤焦油磁漆涂层，应测试多环芳烃(PAHs)、多氯联苯(PCBs)和氯化物。尽管不同省的监管机构都考虑环境问题，但是专门针对废弃管道的环境监管制度仅限于阿尔伯塔省环境署。在阿尔伯塔省，不含有任何有害物质的废管可作为废金属回收利用。如果管道含有有害物质，则管道清洗到可接受水平再利用，或者恰当填埋处置。如果检测到的天然放射物(NORMs)、PCBs 超出可接受水平，管道处置应根据这些污染物各自的指导实施。

目前，加拿大在油气管道废弃方式的选择依据，废弃过程中必需的重要处理环节、废弃后的维护及油气管道废弃基金设立与管理方面均已形成较完善的做法。例如，从 2015 年 1 月 1 日开始，NEB 要求管道公司设置基金用于管道未来的废弃处置保障。但是，并未解决全部问题，仍在深入研究。

加拿大也是油气管道废弃实践最多的国家。截至 2012 年，拥有加拿大一半管道的阿尔伯塔省废弃管道37000km，但大部分为8″(203mm)及以下尺寸的集输管道，且99%就地弃置；负责跨省和跨国管道监管的CER，截至2013年监管73000km管道，其中有317.59km废弃。

2.1.2 美国

美国是世界上拥有油气管道最多的国家，约有259353.1km的石油输送管道、497990.3km的天然气输送管道和3057100km的天然气配送管道，这个数字可能超过全世界其他国家油气管道里程的总和[10]。

美国油气管道建设早，必然更早地涉及管道废弃问题。同时，随着页岩气发展导致的能源供应模式的改变，以及管道事故导致的监管法规更加严格，如2002年《管道安全强化法》要求天然气管道企业必须每隔7年进行一次管道完整性再评估，这些因素给企业维护老旧管道带来更大的成本负担，进一步促进了部分管道的提前废弃。在油气管道废弃方面，虽然美国官方机构没有公布系统的资料，但是从有关标准和管道废弃业务相关的市场运作判断，美国在油气管道废弃方面的实践很成熟，许多方面与加拿大类似，但是也有自己独特的做法，特别是在输气管道的废弃处理方面。

(1)管理层面

在管理体制方面，美国联邦政府有7个部门负责油气管道安全监管事务，大部分州政府也设立了能源管理部门和油气管道监管机构[11]。法律授权运输部(Department of Transportation，DOT)负责管道安全管理、制定管道安全的联邦规章，为油气管道设施的设计、安装、应急、试验、建设、运行、更换和维护等建立最低安全标准。DOT通过现在的管道和危险材料安全管理局(Pipeline and Hazardous Materials Safety Administration，PHMSA)下的管道安全办公室(Office of Pipeline Safety，OPS)执行法规，负责油气管道安全监管[10]。OPS对运营商按每公里管道收取费用；能源部下属的联邦能源监管委员会(Federal Energy Regulatory Commission，FERC)是独立于政府主管油气工业部门之外的行业监管机构，主要负责审批和监管州际天然气管道项目，包括天然气管道的废弃审批。尽管FERC负责废弃申请的审批，但是要考虑消费者的需求，自从1938年美国天然气管道法颁布以来，FERC就定期调整有关废弃的政策；国家运输安全委员会(National Transportation Safety Board，NTSB)主要负责事故调查，提出预防同类事故的建议；国土安全部下设重要基础设施保障办公室和国家基础设施保护中心，主要负责预防恐怖破坏等恶意破坏行为；美国内务部矿物管理部负责管理海底的油气管道安全；环境保护署负责管理油气泄漏的环境污染介质处理；司法部负责对违反管道安全法的刑事和民事责任案件进行起诉。

美国在役油气管道的废弃申请与监管也分为两种情况：一种是跨州及跨国的管道废弃，需要向联邦政府提出申请，并由联邦政府的相关部门进行监管，其中输气管道由FERC负责废弃审批与监管，依据美国天然气管道法第7(b)部分规定，如果FERC确定天然气供应在一定程度上已消耗至无法保障持续服务或者无法满足现在和未来的公共便利与需要时，FERC批准输气管道的废弃，输油管道尚无邦级的进入与退出监管规定；另一种是州内的管道废弃，需要向州公共事业委员会提出申请，并由公共事业委员会监管。

美国管道公司废弃管道的长期标准做法是就地废弃，因为这样对管道公司有利：一方面可以继续拥有闲置管道；另一方面减少了维护、付税的责任。由于输气管道可能存在PCBs、NORMs 等对环境和人体健康危害严重的污染物，所以这类输气管道的废弃需要特别处理。当进行就地废弃输气管道处理时，针对 PCBs 美国环境保护署有一系列要求：对于内径为 4in 及以下尺寸的管道，若 PCBs 含量大于 50×10^{-6} 且管内不含自由流体，在设有公共服务通知程序(one-call 系统)或者使用加固浆体填充 50% 管道容积后，管道末端进行了封堵，可以就地废弃；对于任意口径的管道，不论 PCBs 含量是多少(但是管道不得含有自由流体)，只要在最后输送天然气后，管道进行了一次或者多次溶剂清洗，清洗后95% 或者更多的溶剂被回收，最终的溶液分析表明管道 PCBs 含量小于 50×10^{-6}，或者管道用加固浆体填充至少 50% 管道管容后，且在管道末端封堵的情况下，都可以就地废弃；对于 PCBs 含量小于 50×10^{-6} 且不含自由流体的任何口径的输气管道，都可以就地废弃。

对于就地废弃输气管道的 NORMs 污染物问题，美国要求在地面和管壁进行 NORMs 含量测试，如果在地表上的辐射量级超过可接受水平，管段需要拆除或者进行相应处理。大多数情况下，管道回填后不会产生超标的自然辐射。然而，可能管壁上的 NORMs 水平超标，影响就地废弃管道未来的开挖活动或者其他应用，在这种情况下，管段应清理或者填充浆体限制未来被利用的可能。

(2)市场层面

目前，油气管道废弃业务在美国已经市场化，出现许多专业的油气管道废弃处理或者回收处理的职业人和公司，他们对废弃管道的价值评估、特殊防腐层的处理(如石棉)、管道的回收与再利用发展出特有的方法，不断适应市场发展需要。

20 世纪 70 年代，美国绝大多数管道的回收由管道建设单位实施，并且回收后的管道基本作为废料销售，回报很低。在经济快速发展的 20 世纪 20 年代到 30 年代，随着许多油田的开发，输油管道大量新建，并一直运营到油田枯竭。之后，一些管道被从枯竭的油田移到其他地方继续投入运营，而多数空置管道则简单地留在原地。在这种情况下，出现了管道回收与再利用公司，逐渐发展出经济型的无害管道拆除与恢复方法。这些公司进行如涂层清除，管道拉直、去凹坑，气焊端口的斜面化及切割等修复工作，对废旧管道再利用，并从中获利[13]。例如，美国俄克拉何马州 1920 年建设的 8⅝in 的管道，由于油田原油枯竭，1928 年管道开挖，改造后用于得克萨斯州一个新发现油田的原油输送。2007 年得克萨斯州油田枯竭，管道被管道回收公司收购。由于大部分管道除了一点磨损，壁厚完整，腐蚀少，回收企业基于利益最大化原则，将大部分管道卖给一家墨西哥铜厂用于运输泥浆，只有 30mile 管道拆除回收，船运到越南用作输水管线[14]。在美国，像这样改造再利用的管道案例很多，其中改造管道的一个重要原因是避免维护闲置管道的成本，因为保持管道路权，继续信号维护成本是高昂的，美国许多州对这样的财产征收从价税、教育税、乡村税和州税。

此外，美国在油气管道废弃处理方面仍在不断探索。考虑就地废弃对管道途经土地拥有者或者使用者存在安全隐患，土地拥有者、州法律制定者、管理者正寻求结束常用的就地废弃方式。未来，管道公司可能会被要求拆除废弃的管道，至少管道公司会被要求识别主要的管道财产，并在管道废弃前获得土地拥有者的许可。

2.1.3 其他国家

泰国石油管理局目前完成陆上油气管道废弃处理指南草案，其废弃方式选择有三种：再利用、就地废弃、拆除，并对每种方式的原则性要求给出了规定。在避免管道引发地面沉降和清洗残留物方面，指南草案提到应采用最佳可行技术，并对就地废弃管道清洗应达到的清洁度指标给出了规定，要求冲洗管道后的水中油/脂浓度小于 15×10^{-6}。指南草案也对相关的环境保护和废弃管道的后期监测问题进行规定，其中环境保护必须考虑土地业主和当地管理部门的建议、管内残留物清洗、废弃物处理、地面沉降、土壤冲蚀、导流效应等[15]。

此外，拉脱维亚对油气管道封存的做法，对废弃油气管道的清洗及污水处理具有借鉴意义。2010 年捷克共和国 CEPS a.s. 管道服务公司承接了拉脱维亚一条直径 700mm 的原油管道的封存业务。该管道是过去为苏维埃和中欧输送原油的德鲁日巴管道的北段部分，位于拉脱维亚波罗兹克省与文茨皮尔斯市之间，长 150km。多年前由于经济与政治原因供给拉脱维亚和立陶宛的原油终止，1.9 万桶原油残留在停运管道，但是运营者并没有被免去维护管道安全和功能完整的责任，2010 年管道运营者决定退役封存该管道。整个工程开始实施时，CEPS a.s. 公司首先通过带压封堵技术将管道分为 6 个区段，每一段安装临时收发球筒，发射清管器排干管内原油。其次，为避免闲置管道穿孔造成水体和土壤污染，进一步对管道污染物进行组合清洗(清管列车与水溶性清洗剂相结合)，最终清洗后水样的检测表明挥发性有机化合物浓度为 1mg/L，远低于当地标准要求的 30mg/L。清洗完成后，为了在管内表面形成耐腐蚀环境，对管道进行化学钝化处理，最后充入氮气封存。由于管道未来还计划再次启用，因此保留了阴极保护系统。管道清洗后的水溶液含有烃类物质，CEPS a.s. 公司通过分离表面油污，以及生物降解的方式在数周内完成 1850m³ 的污水处理。可见，拉脱维亚这条大口径管道封存处理基本完成了北美国家就地废弃管道处理的主要过程，更是泰国标准草案要求的最佳可行技术的具体实践[16]。

科威特在废弃管道拆除方面形成了规范的作业流程，包括：对废弃原油或者其他烃类管道的现场考察；在提供必要的排水系统的情况下开挖管道，识别要拆除的废弃管道；搭建临时收集原油、油污水的坑及相应的管线；安装临时收发球桶；物理隔离管道，排液/排气，管道清洗，确保管道内清洁，没有烃类物质和有毒气体；在需要的地方进行管道带压开孔释放受阻气体；将管道冷切割为 12m 的管段，回收处理；拆除所有相关的阀、支撑结构、阴极保护装置及管道附件。对于在沥青路下或者油湖下的管道不需拆除，就地废弃，但要求安装标识、盲板、通风管及防撞护栏。

荷兰在废弃管道的环保要求方面越来越严格。2010 年前油气管道废弃处置方式既有就地方式又有拆除方式，2010 年后该国出台的相关法律规定废弃油气管道具备拆除条件的都需要拆除。

2.2 国内现状

国内由于管道建设起步较晚，涉及管道报废处置的业务需求相对滞后，所以相关技术研究目前整体处于起步阶段。随着我国以"八三"管道为代表的20世纪70年代开始建设的长输管道陆续退役，报废油气管道的处置业务需求越来越大。加之国家对环境保护的要求越来越严格，新管道建设和老管道报废处置挂钩等，科学、安全、经济、高效地处置报废油气管道迫在眉睫。但是，2013年之前，国内陆上油气管道废弃处置的相关研究极少，且缺乏管道废弃的标准规范，无法满足企业需求。

受青岛"11·22"事故影响，各大型管道企业的相关工作推动迅速。自2014年，中国石油经过3年技术攻关研究，已形成了支撑废弃管道安全环保处置的组合清洗(清管器 + 化学清洗剂)、压力注浆、高效拆除等关键技术，2018年牵头制定了石油天然气行业标准，该标准是国际上唯一专门针对长输油气管道废弃处置的独立技术标准，目前开始应用于东北"八三"管道和国内油气管道隐患整治改线遗留段的处置；同期，中国石化开展了针对管道废弃相关方面的实践，并在短距离管道蒸汽清洗方面取得了良好效果。虽然我国管道废弃相关研究与实践起步晚，但是紧跟国外技术发展水平，特别是在废弃管道清洗和注浆处置技术方面，达到国际先进水平，清洗洁净度最高达到油含量1.4mg/L；在管道判废方面，由于国外多为企业自主申请的行为，尚无标准依据。中国石油2014年初开展了判废技术研究，中国石化2014年12月建立了长输管道判废的内部制度文件，形成了直接判废与技术判废的原则，相关的研究与发展仍然超前。

目前，国家管网下属公司共计弃置管道(报废或者废弃、长期封存管道)4812km，但是绝大部分尚未处置，仅有400km管道完成处置。

整体而言，我国在废弃管道关键处置技术方面与国外差距很小，具有一定优势，不过技术全面性有待提升，在管道废弃相关的监管和管理方面与国外差距较大有待提升。

第3章 油气管道废弃法律法规

导读

本章以油气管道废弃业务发展较为成熟的加拿大和美国为例说明国外油气管道废弃相关的法规条款，并介绍我国的有关法律规定，从法规层面提供解读油气管道废弃业务的视角。

3.1 加拿大管道废弃相关法规

目前，加拿大油气管道废弃相关的法规主要有加拿大能源监管机构法(CER Act)、加拿大能源监管机构陆上管道管理规程(CER Onshore Pipeline Regulations)，以及各省的法案和管理规则。

3.1.1 加拿大国家级法规

1. 加拿大能源监管机构法

在管道废弃方面，CER Act对废弃管道的内涵、一般要求、废弃申请、管道废弃公开听证、废弃基金的要求作出了规定。

CER Act主要条款如下[17]：

第2条：以下定义适用于本法案。

废弃的管道是指已经按照第241(1)条的命令被废弃并且仍保留在原处的管道。

第181(1)条：除非委员通过命令授权公司，否则公司不得，(a)将其管道或废弃的管道全部或部分出售或以其他方式转让或租赁给任何人；(b)全部或者部分购买或以其他方式获取、租赁管道或废弃的管道；(c)如获授权建造或运营一条管道，或拥有一条废弃的管道，则与其他公司合并。

第241条：

(1)除非委员会通过命令授权，否则公司不得废弃管道。

(2)如果公司已向监管机构提交了废弃管道的申请，则该公司必须按照委员会规定的形式和方式，

(a)在可确定的范围内，向所有管道经过的土地所有人发出通知；

(b)在该土地所处的地区内至少在一般发行的出版物中发布公告(如果有的话)。

（3）如果有人向监管机构提出反对废弃的书面陈述或书面要求就许可废弃管道运营的请求举行听证会，则委员会必须签署命令，就该申请进行公开听证，除非（a）提交书面陈述或要求举行听证会的人向监管机构提交了撤回通知；或者（b）委员会认为反对或要求是轻率的或无理取闹的，或者是没有真诚提出的。

（4）委员会可在准予废弃管道的许可后，施加其认为适当的任何条件。

（5）根据本法，已获准废弃管道的公司仍应对废弃的管道负责。

第242条：

（1）委员会可命令公司采取其认为必要的任何措施，包括维持基金或证券，以确保该公司有能力支付废弃管道的费用以及支付与废弃的管道相关的成本和费用。

（2）如果委员会命令公司保留资金或证券，委员会可（a）命令公司使用全部或部分资金或证券来支付废弃管道的费用或支付与废弃管道有关的费用和支出；（b）授权监管机构的第三方或雇员（或监管机构的雇员类别）动用全部或部分资金或证券来支付废弃管道或与废弃管道有关的费用和支出；（c）变现全部或部分证券，以使第三方或监管机构能够为该废弃管道付款或支付与废弃管道有关的费用和支出；（d）命令将第246（2）款中提及的任何盈余支付到统一收入基金中，并记入孤儿管道账户。

2. 加拿大能源监管机构陆上管道管理规程（SOR/99 - 294）

SOR/99 - 294对废弃的含义、管道废弃遵循的法规和标准、完整性管理和安全管理计划要求、废弃记录保持要求进行了规定，主要条款如下[18]：

第1条：本节中的定义适用于本规程。

放弃是指永久停止运营，从而导致输送服务的中断。

第4（1）条：

当公司设计、建造、运营或废弃管道或提供这些服务的合同时，公司应确保按照以下适用条款对管道进行设计、建造、运营或废弃：

（a）本规程；

（b）如果管道运输液化天然气，则为CSA Z276；

（c）针对地下储存碳氢化合物的CSA Z341；

（d）如果管道运输液态或气态碳氢化合物，则为CSA Z662；

（e）适用于所有管道的CSA Z246.1。

第40条：公司应制定、实施和维护完整性管理程序，该程序可以预测、预防、管理和缓解可能在管道的设计、建造、运行、维护或废弃过程中对安全或环境产生不利影响的状况。

第47条：公司应制订、实施和维护安全管理计划，以在与建设、运营、维护、废弃和紧急情况有关的所有活动中预测、预防、管理和减轻潜在的危险状况与暴露这些情况的风险。

第50条：公司应在根据能源监管机构法第241条提出管道或其中一部分废弃的申请中包括废弃的理由和废弃采用的过程。

第52(1)条：公司应将与管道的建设、运营或与废弃有关的任何事故立即通知监管者，并应在切实可行的范围内尽快向监管者提交初步的详细事故报告。

第53条：

(1)公司应进行定期检测和审核，最长间隔为3年，以确保其管道的设计、建造、运行和废弃均遵守(a)CER Act第2和第3部分；(b)CER Act第6部分涉及人的安全和保障以及财产和环境的保护；(c)本规程；(d)委员会签发的与人身安全和保障以及财产和环境保护有关的任何证书或命令的条款和条件。

(2)审核应形成文件，(a)指出所有不合规之处；(b)已采取或计划采取的任何纠正措施。

3.1.2 阿尔伯塔省法规

目前，加拿大共有825000km集输和长输管道，其中1/2在阿尔伯塔省。阿尔伯塔省有关管道废弃的监管法规比较完善。在管道废弃方面，AER主要依据省内管道法、规则和指令对废弃管道进行监管。此外，其他一些省也存在与管道废弃相关的法规，如不列颠哥伦比亚省、曼尼托巴省等。

这里以阿尔伯塔省为例说明加拿大省级的管道废弃监管法规。

1.《管道法》

《管道法》建立了由阿尔伯塔省能源监管机构管理的监管制度，用于阿尔伯塔省某些管道的建设和运营[20]。在管道废弃方面，《管道法》对管道废弃许可、废弃条件、责任、废弃费用要求、物料的销售处置进行了规定，相关条款如下：

第4部分第23节 停运与废弃：

(1)在监管机构指示或法规要求的情况下，被许可人应停运或废弃管道。

(2)监管机构为了保护公众或环境认为在必要的情况下，监管机构可以下令停运或废弃管道。

(3)停运或废弃必须按照本法规制定的规则实施。

第24节 停运，被监管机构废弃：

如果监管机构认为未按照监管机构的指示或规则停运或废弃管道，则监管机构可以(a)授权任何人停运或废弃管道，或(b)根据监管机构的要求停运或废弃管道。

第25节 持续责任：

废弃管道并不能免除被许可人对同一管道或部分管道必要的进一步废弃或其他工作的责任，也不免除对进一步废弃或其他工作费用的责任。

第26节 停运和废弃费用：

(1)对于根据第24节停运或废弃的管道，(a)监管机构可以确定停运费用或废弃费用，并可以规定支付这些费用的时间，并且(b)管道的被许可人须支付如此确定的费用。

(2)被许可人如在监管机构规定的期限内未缴付根据第(1)款确定的费用，则除非监管机构另有指示，否则必须缴付相当于该费用25%的罚款。

（3）根据第（1）款确定的费用，以及根据第（2）款应支付的任何罚款，构成应付给监管机构的债务。

（4）根据本节确定费用和罚款的监管机构命令的核证副本可提交给王座法庭书记官办公室，并在提交和支付法律规定的任何费用后，该命令可以作为法院的判决输入，也可以根据法院判决的一般执行程序执行。

第27节　物料等的销售：

（1）当监管机构或监管机构授权人进行管道废弃时，监管机构可以以其认为合适的方式出售或处置在现场发现或从管道中取出的任何装置或材料，但监管机构不得出售其知情的非管道被许可人所有的设备或材料。

（2）根据第（1）款购买装置或材料的人获得对该装置或材料的有效所有权，而无任何索赔。

（3）当监管机构收到根据第（1）款出售或处置任何装置或材料的款项时，监管机构应（a）将钱用于（ⅰ）支付其根据第26节确定的任何未付费用和罚款，（ⅱ）如果在遵守（ⅰ）条款后仍有余款，则应支付被许可人欠监管机构的任何其他未偿债务，（b）如果在遵守（a）条款后仍有余款，在出售之日起6个月内向监管机构提出索赔的人付款，并确立他们对这笔钱的权利。

2.《管道规则》

《管道规则》（*Pipeline Rules*）（Alberta Regulation 91/2005）根据《管道法》制定，该法规建立了阿尔伯塔省管道建设和维护的标准。该法规规定了管道设计、测试和检查的规则。该法规还包括管道停运、废弃、拆除、恢复或以其他方式改变管道运行的规定[21]。在废弃方面，《管道规则》对废弃管道的处置要求、废弃条件、废弃责任进行了规定，具体条款如下：

第6部分　警告标志

第68节：

（4）不论管道的运行状态如何，被许可人均应维护所有管道（包括废弃的管道）的警告标志，并应更换被污损、磨损或难以辨认或丢失或破坏的管道警告标志。

（5）不论管道的运行状况如何，被许可人（a）在警告标志上指明的电话号码失效之前，以及（b）在附表1所要求的任何其他信息发生变化的180日内，除非获得监管机构的另外授权，均须对所有管道（包括废弃的管道）用新的标志或使用带有最新信息的耐用永久性胶粘贴花取代原有警告标志。

（8）被许可人不得在管道标志上表明管道是废弃管道。

第10部分　停运、废弃、拆除或恢复

第82节　停运或废弃管道：

（1）除非监管机构另有授权，否则被许可人应停运、废弃或恢复在过去12个月内未见有效输送服务的管道。

（2）除非获得监管机构的授权，否则根据第（1）款要求停运或废弃管道或管道的一部分的被许可人应按照指令 056 的要求，在停运或废弃作业完成后 90 日内通知监管机构。

（3）当管道或部分管道停运时，被许可人须确保停运的管道或部分管道

（a）与任何作业设施或其他管道物理隔离或断开连接，

（b）（残留物）清理（如有必要），

（c）用淡水、空气或惰性气体吹扫，如果被许可人准备减轻因意外释放或溢出而可能造成的环境影响，则可添加内部腐蚀抑制剂，

（d）采用适当的内部和外部腐蚀控制措施保护，

（e）不能以导致相邻的运行管道中在其管件或连接点处形成积液堵塞或盲管的方式进行隔离或断开连接，除非

（ⅰ）这些位置是永久可访问的，并受计划的检查程序的约束，或者

（ⅱ）所盛装的液体已被确认并记录为无腐蚀性，

（f）处于安全状态。

（4）如果不能将管道或局部管道与运营设施或管道进行物理隔离或断开连接，则不得停运或废弃该管道，而应将其作为运营管道进行维护，并且在被许可方的整体管道完整性管理程序中考虑其完整性。

（5）废弃一条管道或部分管道时，被许可人除须符合第(3)款的规定外，还须

（a）拆除地面设备，包括集水器、立管、截止阀和管道加热器，除非它们位于设施的边界内，在管道废弃后该设施将继续让其他许可的设备运行，

（b）切断将要废弃管道或部分管道至地下管底部，除非管道位于设施的边界内，而该设施在管道废弃后将继续使其他许可的设备保持运行，

（c）用淡水、空气或惰性气体吹扫管道，其中均不得添加化学药品或腐蚀抑制剂，

（d）拆除管道的阴极保护，

（e）用机械手段或焊接手段永久性地堵塞或封闭所有开口端，

（f）用永久性标签标识所有管端，该永久性标签指示被许可方、许可证和编号、其他管端、废弃日期和遗留在管道内的介质。

（6）如现有管道因故裸露，并因先前的停运或废弃而在管道的运行段上发现滞留的积液或盲管，则被许可人须通过以下方式进行缓解：

（a）拆除和更换管道的受影响部分，

（b）开辟对管道受影响部分的永久通道，并对其进行定期检查计划，

（c）确认并证明所盛装的液体无腐蚀性，或

（d）监管机构可以接受的其他方法。

（7）如管道或拟停运或废弃的管道的一部分是聚合物或含有聚合物衬里，则被许可人须在一段足以确定聚合物材料没有释放有害气体成分的时间内对管内空气进行检测，防止违背管道第(3)(c)和(f)款。

（8）第(6)款适用于所有管道，包括在本规程生效之前停运或废弃的管道。

（9）被许可人须按照本节废弃管道

(a)如果监管机构由于被许可人违反了管道法、本规则或监管机构的命令或指示而暂停或取消了被许可人的许可证;

(b)如监管机构已通知被许可人,监管机构认为该管道可能构成环境或安全隐患;

(c)如被许可人

(ⅰ)不是或不再居住在阿尔伯塔省,

(ⅱ)没有根据《管道法》第19条任命代理人,并且

(ⅲ)没有根据第(1)条对指定代理人的要求获得有效豁免;

(d)如被许可人去世;

(e)如果被许可人是根据《商业公司法》注册、组建或继续经营的公司,但该公司不运营或已经被解散,或者根据监管公司的立法被许可人的公司注册状态被取消或有可能被取消;

(f)如果被许可人未按照《管道法》,本规则或监管机构的命令或指示停运管道;

(g)如果管道与监管机构已废弃或已命令其废弃的井或设施相连接,且该管道未用于任何其他井或设施;

(h)如果被许可人已出售或处置了被许可人在管道中的权益,但尚未将其转让给有资格为该管道持有许可证的人,或者

(ⅰ)监管机构另有命令的情况下。

第83节 停运或废弃管道的责任:

通知监管机构停运或废弃运行并不能免除被许可人对同一管道或部分管道的进一步停运或废弃或其他作业的责任。

第84节 拆除管道:

除非得到监管机构的授权,否则打算拆除整条管道或管道的任何部分的被许可人应根据指令056的要求向监管机构提交申请以供批准。

3. 管道指令056

阿尔伯塔省指令包含对阿尔伯塔省运营的能源公司必须遵循的要求和流程,涉及管道废弃的主要是指令056[22],该指令对管道废弃申请、技术要求和特殊情况下废弃管道的恢复运行的要求进行了规定,具体条款如下:

第3章第3.9.1.2节:废弃管道时,被许可方必须在废弃管道过程之前通知管道路由上的当事方以及受影响的各方。

第4章第4.8.5.16节:对于管道废弃,被许可人必须提交a)废弃管道所用方法的说明,以及b)管道中剩余介质的记录。

第6章第6.1节:申请人对管道废弃和管道停运时必须通知AER。

第6章第6.6.6节:管道废弃技术要求:

管道废弃是指按照管道规则规定的方式永久停用管道;这包括确保管道保持永久安全的任何必要措施。这还包括拆除不再使用的相关地面设备,包括集水器、立管、截止阀和管道加热器,除非它们位于设施的边界内,在管道废弃后该设施将继续让其他许可的设备

运行。

废弃管道时，被许可人必须

a)在开始任何废弃程序之前，必须满足第 3 节中参与者的参与要求，

b)确保适当的废弃程序到位(请参阅"管道规则")，并

c)在管道废弃后的 90 日内通知 AER。

第 6 章第 6.6.8 节：管道恢复：

管道恢复的定义是，在过去的 12 个月内，在已中断的管道或未投入运行的管道上恢复其原始许可参数的操作。废弃的管道通常不适合恢复运行。在极少数情况下，如果申请人通过全面的工程评估支持该请求，则可以授予许可证以恢复废弃管道的运行。

恢复废弃管道的运行时，被许可方必须提出申请并证明以下内容：

a)遵守第 3 节中的参与者参与要求，

b)管道以及外部和内部涂层的完整性，

c)如果适用，则满足最新版本的 CSA Z662 的酸性服务要求，并且

d)全面的工程评估支持恢复工作。

3.2　美国管道废弃相关法规

美国油气管道废弃与监管分为两种情况：一种是跨州及跨国的管道废弃，需要向联邦政府提出申请，并由联邦政府的相关部门进行监管，能源部下属的 FERC 是独立于政府主管油气工业部门之外的行业监管机构，主要负责审批和监管州际天然气管道项目，包括天然气管道的废弃审批；另一种是州内的管道废弃，需要向州政府的相关机构提出申请，并由州政府进行监管。

3.2.1　联邦级法规

美国废弃管道监管相关的联邦级法规主要有联邦法规(Code of Federal Regulations)第 49 篇第 192 部分和第 195 部分，即 49 CFR 192/195；联邦法规第 40 篇第 761 部分，即 40 CFR 761；美国法典第 15 篇第 15B 章，即 15 U. S. Code；天然气管道法。

1. 49 CFR 192

联邦法规第 49 篇第 B 子篇第 I 章第 D 子章第 192 部分第 M 子部分第 192.727 节(49 CFR § 192.727)主要针对天然气设施的废弃或停用，具体条款如下[24]：

(a)每个管道运营商均应按照本节的要求进行管道的废弃或停用。

(b)每条就地废弃的管道必须从供气源断开，清除管内气体；对于海底管道，用水或惰性材料填充，并对管道末端封堵。但是，当气体量太小以致没有潜在危害时，无须置换。

(c)除在役管道外，未在本部分下维护的每条停输的管道必须与所有气源断开连接，置换管内气体。对于海底管道，用水或惰性材料填充，并对管道末端封堵。但是，当气体

量太小以致没有潜在危害时，无须置换。

(d)当停止为客户提供服务时，必须遵守以下条件之一：

(1)为防止气体流向客户而关闭的阀门必须配备锁紧装置或其他设计，以防止非运营商授权人员打开阀门。

(2)必须在进户管道或仪表总成中安装防止气体流动的机械装置或配件。

(3)必须从用户的管道上断开与气体供应的连接，并密封开口的管道末端。

(e)如果使用空气进行吹扫，则运营商应确保在吹扫后不存在可燃混合物。

(f)每个废弃的地下室必须填充适当的压实的材料。

(g)对于跨越、穿越商用航道的废弃海上管道设施或废弃陆上管道设施，该设施的最后运营方，必须提交该设施的废弃报告。

(1)提交有关2000年10月10日以后废弃的管道设施的数据的首选方法是按照"管道和液化天然气运营商提交标准"向国家管道制图系统(NPMS)提交数据。要获取NPMS标准的副本，请访问NPMS主页，网址为http://www.npms.phmsa.dot.gov或致电703-317-3073与NPMS国家信息库联系。首选数字数据格式，但如果符合NPMS标准，则可以接受纸质拷贝。除了NPMS必需的属性，运营商必须提交废弃日期、管径、弃置方法和证据材料，证明运营商所知的所有合理可用的信息全部提交，并且废弃基于适用法律完成。有关准备提交数据的详细信息，请参阅NPMS标准。NPMS标准还包括有关如何提交数据的详细信息。运营商还可以通过邮件、传真或电子邮件将报告提交给美国运输部管道安全、管道和危险材料安全管理局管道安全办公室信息资源经理，地址：华盛顿特区20590-0001新泽西州新泽西州大道1200号PHP-10；传真：(202)366-4566；电子邮件：InformationResourcesManager@phmsa.dot.gov。报告中的信息必须包含与该设施有关的所有合理可用信息，包括第三方拥有的信息。该报告必须包含位置、尺寸、日期、弃置方法，以及根据所有适用法律废弃该设施的证明。

2. 49 CFR 195

联邦法规第49篇第B子篇第Ⅰ章第D子章第195部分第B子部分第195.59节(49 CFR§195.59)主要针对液体管道设施的废弃或停用，具体条款如下[25]：

对于每个废弃的海上管道设施或每个交叉，穿越或跨越商业航道的废弃的陆上管道设施，该设施的最后经营者必须在废弃该设施时提交报告。

(a)提交有关2000年10月10日以后废弃的管道设施的数据的首选方法是根据"管道和液化天然气运营商提交标准"向国家管道制图系统(NPMS)提交数据。要获取NPMS标准的副本，请访问NPMS主页，网址为http://www.npms.phmsa.dot.gov或致电703-317-3073与NPMS国家信息库联系。首选数字数据格式，但如果符合NPMS标准，则可以接受硬拷贝提交。除了NPMS要求的属性外，运营商还必须提交废弃日期、管径、废弃方法和证明，证明运营商所知的所有合理可用的信息全部提交，并且废弃基于适用法律完成。有关准备提交数据的详细信息，请参阅NPMS标准。NPMS标准还包括有关如何提交数据的详细信息。或者，运营商可以通过邮件、传真或电子邮件将报告提交给美国运输部管道安全、管道和危险材料安全管理局管道安全办公室信息资源经理，地址：华盛顿特区 20590 - 0001 新泽西州新泽西州大道 1200 号 PHP - 10；传真：（202）366 - 4566；电子邮件：InformationResourcesManager@ phmsa. dot. gov。报告中的信息必须包含与该设施有关的所有合理可用信息，包括第三方拥有的信息。该报告必须包含位置、尺寸、日期、废弃方法，以及根据所有适用法律废弃该设施的证明。

联邦法规第 49 篇第 B 子篇第 Ⅰ 章第 D 子章第 195 部分第 B 子部分第 195.402 节"操作、维护和紧急情况的程序手册"（49 CFR §195.402）中有关废弃的条款如下：

（a）一般要求。每个运营商应为每条管道系统准备并遵循一份书面程序手册，以进行正常的操作和维护活动以及处理异常的操作和紧急情况。本手册的检查间隔应不超过 15 个月，但每年至少应进行一次检查，并进行必要的适当修订。该手册应在管道系统的初始运行开始前准备好，并且将适当的部分存放在进行运行和维护活动的位置处。

（c）维护和正常运行。本节（a）要求的手册必须包括以下程序，以在维护和正常运行期间提供安全：

（10）废弃管道设施，包括从运行管道系统的安全隔离，可燃物置换/清管，就地废弃设施的密封，以尽量减少安全和环境危害。对于每个废弃的海上管道设施或每个跨越、穿越或通过商业航道的废弃的陆上管道设施，该设施的最后运营商必须根据本部分第 195.59 条的规定，在废弃该设施时提交报告。

3. 40 CFR 761

联邦法规第 40 篇第 Ⅰ 章第 R 子章第 761 部分"多氯联苯（PCBs）的制造、加工、商业分销和使用禁止"第 D 子部分"储存和处置"第 761.60 节"处置要求"以及第 M 子部分"用于天然气管道废弃或者处置的 PCBs 浓度确定：采样点选取、表面样品的收集和标准 PCBs 擦拭样品的分析"涉及废弃天然气管道的 PCBs 污染的处置和测试内容[26]。

（1）40 CFR §761. 60

（b）PCBs 制品

（5）含 PCBs 的天然气管道系统。天然气管道系统含浓度≥50×10^{-6} PCBs 的管道业主或者运营者，当管道不再使用时，应采用在本部分（b）（5）（ⅰ）指导下的就地废弃或者（b）（5）（ⅱ）指导下的拆除方式处置。测量天然气管道 PCBs 浓度的人员应按照本部分（b）（5）（ⅲ）的要求实施测试。

（ⅰ）废弃。浓度≥50×10^{-6} PCBs 的天然气管道可以按照如下条款之一或者多项条款进行就地废弃。

（A）内径≤4in 的天然气管道，只要没有自由流动的液体，不论 PCBs 浓度多大，在管端封堵和采取下列措施之一的情况下可就地废弃：

1）管道设有公共服务通知程序，例如符合 49 CFR §192. 614（a）和（b）要求的"一呼通"系统。

2）用浆液（例如含水泥、膨润土的加固泥浆或者黏土）或者高密度聚氨酯泡沫填充 50% 或者更多管容。

（B）任一口径的 PCBs 污染的天然气管道，在最后一次天然气输送完成后或者废弃时测试了 PCBs 浓度，管道内不含自由流动的液体，那么在两端封堵的情况下可以就地废弃。

（C）任一口径的含任一浓度 PCBs 且无自由流动液体的天然气管道，在管道末端封堵和满足下列条件之一的情况下可以就地废弃：

1）根据§761.79(d)使用和处置要求，管道内表面用一种或者多种清洗溶剂去污。去污过程必须将加入系统的溶剂量的 95% 回收，回收清洗液的 PCBs 浓度必须 < 50×10^{-6} [见§761.79(a)(1)使用与处置污染液体的要求]。

2）用浆液（例如含水泥、膨润土的加固泥浆或者黏土）或者高密度聚氨酯泡沫填充 50% 或者更多管容（在河流和溪流下的管道仅用水泥填充），并且管道末端封堵。

（D）任一口径的含任一浓度 PCBs 的天然气管道，在依据§761.79(c)(3)、(c)(4)或(h)进行了去污处理，或者获得了符合§761.60(e)或者§761.61(c)要求的 PCBs 处置认证，可以就地废弃。

（ⅱ）拆除并采取后续措施。天然气管道系统可以按照下列条款之一进行处置。

（A）下列分类的无自由流动液体的天然气管道，只要适用（不包括热处理单元），可以在州政府准许、许可或者注册的适用于本章第 258 部分的城市固体废弃物或者本章§257.5 到§257.30 规定的非城市无害废弃物管理的设施中处置；在遵照§761.72 节要求运行的废金属回收炉或者熔炉中处置；或者在本部分认证的处理设施中处置：

1）任一口径的 PCBs 污染的天然气管道，其 PCBs 浓度在最后一次输送天然气或者管道从过去输送天然气的部位拆除期间测定。

2）含任一浓度 PCBs 且内径≤4in 的天然气管道。

（B）天然气管道系统的任何部分可按如下条款之一处理：

1）在按照§761.70 要求运行的焚化炉中处理。

2）只要自由流动的液体 PCBs 被彻底排掉，按照§761.75 运营的化学垃圾填埋场处理。

3）按照§761.61 的要求作为 PCBs 修复废物处理。

4）按照§761.79 要求处理。

（ⅲ）用冷凝液中 PCBs 浓度来表征天然气管道系统。

（A）任何依据本部分(b)(5)(ⅰ)(B)或者(b)(5)(ⅱ)(A)1)处置天然气管道系统的人员，必须通过在天然气管道系统中现有的冷凝物采集点收集的有机液体，分析 PCBs 污染。在一个采集点发现的 PCBs 污染假定会扩展到邻近下游的下一个收集点。如果无有机液体，那么排除自由流动的液体并按照本部分 M 子部分采集标准擦拭样品。在要废弃或者拆除的天然气管道最后一次输送天然气完成前的 72h 内收集冷凝物，在管道完成最后一次天然气输送或者拆除期间收集擦拭样品。

（B）多项流液体中有机相的 PCBs 浓度应依据§761.1(b)(4)确定。

（ⅳ）管道液体的处置。

（A）任何处置从天然气管道系统去除、溢出或者泄漏的含 PCBs 浓度≥50×10^{-6} 的液体的人员，必须基于液体系统拆除时测定的 PCBs 浓度值按照§761.61(a)(5)(ⅳ)要求处理。如果适用，任何处置从天然气管道系统溢出或者泄漏的含 PCBs 浓度≥50×10⁻⁶的材料的人员，必须按照§761.61 或者§761.79 要求处理。

（B）任何销售或者焚烧含浓度小于 50×10⁻⁶（在从管道系统排出时测定）的 PCBs 液体的人员必须遵循§761.20(e)有关废油的条款。禁止任何人使用从管道系统排出的浓度在可计量水平/可检测水平以上的含 PCBs 的液体。

（2）40 CFR §761 第 M 子部分

该部分主要包括以下 6 节：

§761.240 范围与定义

（a）采用本过程为就地或者拆除废弃以及依据§761.60(b)(5)进行场地外处置天然气管道而确定其 PCBs 表面浓度时选取表面采样点。

（b）"管段"指已经从管道系统拆除要被处置或者重新利用的一段天然气管道，通常长度接近 12.2m(40ft)或者更短，管段通常是线性的。

（c）"管节"指已经从服役管道上切割或者为了废弃与服役管道隔离的天然气管段，通常比 12.2m 长，管节可能有分支。

§761.243 标准擦拭取样方法和大小

（a）采用§761.123 定义的标准擦拭测试从天然气管段或者管节采集表面样。详细的擦拭采样过程在 1987 年 7 月 24 日发布和 1991 年 4 月 18 日修订的题为"环境保护署（EPA）PCB 溢出清理措施推荐的擦拭取样和双洗/冲洗清洁"文档中有介绍。该文档可以从 EPA 的网站 http://www.epa.gov/pcb 下载，或者从位于华盛顿特区 20460-0001 宾夕法尼亚街 1200 号环境保护署资源保护与恢复办公室（5305P），项目管理、通信和分析办公室获取。

（b）在选取采样地点的每一端从最小 100cm² 的表面区域收集表面样。当符合采样的合格表面区域小于 100cm² 时，例如，当采用小口径管道、小型阀门或者小型调节器时，EPA 地区管理员可以通过书面批准的方式，要求从更小的表面区域采集样品。在更小的表面采样时，需要将测量结果转化到等同于 100cm² 的测试结果，以方便基于 100cm² 标准进行对比。

§761.247 拆除管段选择采样点

（a）一般原则：

（1）遵照本部分(b)段的指导选择采样管道。

（2）遵照本部分(c)段的指导，沿选取采样的管段长度方向确定合适的位置。

（3）遵照本部分(d)段的指导，沿选取采样的管段周向选择恰当的采样位置。

（4）在从地下拆除管道前或者拆除操作的起吊作业前，对管道的顶部进行标记。

（5）当管段内有自由流动的液体时不能进行采样，采样前必须排出自由流动的液体。

（b）选择采样管段。按照如下原则从一段管道或者一组管段中选择采样管段：

（1）不要对长于 12.2m 的管段进行采样，如果管段大于 12.2m，切割为 12.2m 的或者更短的长度。

（2）依据如下原则确定对哪个管段采样：

（i）当有 7 段或者更少管段的管道已经拆除进行处置时，那么对每一段进行采样。

（ⅱ）当拆除的管道有多个连续的管段总长度小于 3mile 时，那么从其中 7 个管段采样。

（A）对拆除的第一段和最后一段采样。

（B）依据如下两个过程中的一个选择另外 5 个采样段：

（1）对所有部分分配唯一的序号，然后采用随机数表或者随机数产生器选择 5 个数。如果随机数发生器或者随机数表产生了第一段，最后一段或者任何之前选择的管段，那么就重新选择另一个随机数，直到获得 7 个不同的数，每一个数对应不同的管段。

（2）将管段总数除以6，将商四舍五入到最近的整数，该整数就是采样管段间的间隔。例如，将 2.9mile 长的管道切割为每一段长度接近 40ft 的 383 段。对第一段（序号1）和最后一段（序号383）进行采样，为了确定另外 5 段，将总段数 383 除以 6，并舍入为最近的整数。本例中商为 63.8，最近的整数是 64。将前面的每个管段的序号分别加 64 至少 5 次，以选择另外 5 个用于采样的管段。本例中，第一个管道序号是 1，将 64 加 1 得到 65，接着将 64 加到 65 得到 129，选择序号为 129 的管段采样。如此循环，最终选择到 7 个管道，序号为 1、65、129、193、257、321 和 383。

（ⅲ）当拆除的管道有多个连续的管段总长超过 3mile 时，那么就对距离前一采样管段 0.5mile 的每一管段采样，最少采样 7 段。

（c）从长度方向上选择采用位置。按照如下原则沿管段长度方向选择采样位置：

（1）从每一拆除管段过去天然气流上游的末端采样。

（2）如果管段用火焰或者其他高温热源的方式切割，那么在管段切割末端往里至少 15cm（6in）的位置取样。

（3）如果管段用锯或者其他机械设备切割，那么在管段末端往里至少 2cm（1in）的位置取样。

（4）如果用本部分（c）（2）和（c）（3）段的过程选择的采样位置是多孔性的表面（例如，存在严重的腐蚀以至于擦拭材料会形成碎片），那么就进一步往里移动采样位置（远离管道或者管段末端）直到没有多孔表面的部位。含薄的多孔防腐抑制涂层的天然气管道不属于多孔表面。

（5）如果无符合本部分（c）（2）和（c）（3）的非多孔表面，那么采用以下三种原则之一：

（ⅰ）采用与上游端一样的采样位置对管段下游端采样。

（ⅱ）采用本部分（b）段描述的过程随机选择另一段管段。

（ⅲ）如果要采样的样本中没有其他管段且所有可能采样地点的管段两端均有多孔表面，那么就假定 PCBs 含量 $\geq 50 \times 10^{-6}$ 且 $< 500 \times 10^{-6}$。

（d）选择周向采样位置。基于在从地面拆除管道前或者拆除操作起吊前在管段顶端的标识，对管道底部内侧中心进行采样。确保采样位于管段底部中心，即在整个样品长度上，对管段底部中心两侧采样等同的面积。

§761.250 管节废弃目的的采样点选取

本过程为依据 §761.60（b）（5）（ⅰ）（B）原则对要废弃的管节进行采样点选取。

（a）一般原则：

（1）遵照本部分（b）段的指导在管节上选择采样收集地点。

（2）遵照§761.247（c）和（d）的指导，沿管道选择恰当的采样位置。

（3）通过目视检查，确认要废弃的管节末端和所有的液体采集点均没有液体来确保管道中没有可流动液体。

（b）选择采样收集地点。至少对要就地废弃的所有管节末端进行采样。

（1）如果要废弃的管节在一座压缩站的加压侧和位于原有气流下游的下一个压缩站的进口侧之间，至少采样废弃管道的所有末端。

（2）如果要废弃的管节长度大于压缩站加压侧和位于原有气流下游的下一座压缩站进口侧之间的距离，为了采样方便，将管节进一步分割为小于压缩站加压侧和位于原有气流下游的下一座压缩站进口侧之间距离的管节。对独立废弃的较小管节进行采样，至少采样管节的全部末端。

（3）采用如下程序在管节的非压缩站进口和加压侧的部位确定代表性的采样收集地点。

（ⅰ）首先，对整个管节的每1km或者1km长度的一部分分配唯一可识别的序列号。

（ⅱ）采用随机数表或者随机数产生器从完整的序列号表中选择具有代表性的采样地点。

（ⅲ）采样可以通过去掉覆盖土壤，切割管道从而对采样位置进行直接测量，并收集保留在原地的管道表面样，但并非完全拆除管节来采集表面样。

§761.253 化学分析

（a）依据 EPA SW-846 标准中的 3500B/3540C 方法或者 3500B/3550B 方法，即评估固体废弃物的测试方法或者 SW-846 Q 部分验证的方法，从标准擦拭样品收集介质中提取 PCBs，以及清理提取后的 PCBs。采用 SW-846 提供的 8082 方法或者其 Q 部分验证的方法，分析提取物种中的 PCBs。

（b）用 $\mu g/100cm^2$（$16in^2$）的单位报告所有 PCBs 采样浓度，如果采样区域小于 $100cm^2$，那么依据§761.243（b）报告转换的样品浓度。

§761.257 确定采样管道的监管状态

（a）为了拆除处置，已经实施过采样的管段，其采样结果表明其 PCBs 表面浓度。如果管段未实施过采样，那么其表面 PCBs 浓度按照如下原则确定：

（1）如果未采样的管段位于两个已采样管段之间，那么假定未采样的管段与最邻近的已采样管段有同样的 PCBs 表面浓度。

（2）如果未采样的管段与两个已采样管段的距离相等，那么假定未采样管段的 PCBs 表面浓度是与其等距的已采样管段 PCBs 表面浓度的数学平均值。

（b）针对管节的废弃，整个管节的 PCBs 表面浓度设定为管节末端测量的 PCBs 表面浓度的数学平均值。如果在管节上进行了额外的代表性采样，整个管节的 PCBs 表面浓度设定为所有代表性采样点的数学平均浓度。

（c）为了按照§761.60（b）（5）（ⅱ）（A）（1）拆除处置或者按照§761.60（b）（5）（ⅰ）（B）废弃处置，如果通过直接测量或者依据本部分（a）确定的管段表面 PCBs 浓度，或者依据本部分（b）确定的管节的表面 PCBs 浓度大于 $10\mu g/100cm^2$ 而小于 $100\ \mu g/100cm^2$，那么管段或者管节是 PCBs 污染的。

4. 15 U. S. Code

美国法典第 15 篇第 15B 章第 717f 节涉及天然气设施的建造、扩建或废弃，其中有关废弃的条款如下[27]：

（b）设施废弃或输送服务的终止；委员会的批准未经监管机构委员会的许可和批准，任何天然气公司不得废弃其所有或部分由委员会管辖的设施，或终止通过此类设施提供的服务。委员会发现可用的天然气供应已耗尽以致无法继续提供服务，或者当前或将来的公共便利或必要性允许废弃的情况下，在经过适当的听证后，准许废弃。

5. NGA

美国天然气法（Natural Gas Act，NGA）第 7（b）节规定：未经监管机构委员会的许可和批准，任何天然气公司不得废弃其所有或部分由委员会管辖的设施，或终止通过此类设施提供的服务。委员会发现可用的天然气供应已耗尽以致无法继续提供服务，或者当前或将来的公共便利或必要性允许废弃的情况下，在经过适当的听证后，准许废弃。

3.2.2 得克萨斯州法规

美国配气管道比例高，许多州都有针对这类管道的管理法规，其中涉及废弃内容，例如，马萨诸塞州、宾夕法尼亚州、得克萨斯州等。这里以得克萨斯州为例说明美国州内管道的废弃监管要求。

1. 行政法第 16 篇

得克萨斯州行政法（Texas Administrative Code）第 16 篇"经济法规"第 1 部分"得克萨斯州铁路委员会"第 7 章"气体服务"第 D 子章"客户服务与保护"第 7.465 节"废弃"对市政天然气服务废弃申请、废弃条件进行了规定，相关条款如下[28]：

（a）为当地的分输公司或城市门站客户提供服务。天然气公用事业单位由于拆除或废弃除仪表以外的设施而废弃或永久终止对本地分输公司或城市门站客户的服务之前，应获得委员会的书面批准。

（1）除在紧急情况下发生的管道安全事故外，天然气公用事业单位应至少在拟议的废弃生效日期或服务永久中断之前，向铁路委员会提出废弃或永久终止向当地分输公司或城门站客户服务的申请。

（2）天然气公用事业单位应在提交废弃或终止服务申请的同一天，将申请副本发送给受影响的当地分输公司或受影响的城市门站客户。

（A）如果有人在提出申请之日起 30 日内提出参与或意图介入委员会的声明，并且委员会授予当事人身份，则委员会应在提交申请的日期之后 60 日内举行正式听证会。

（B）如果委员会未收到参与或介入的声明，则应在天然气公用事业单位申请废弃或永久终止服务之日起 45 日内对申请进行行政裁定，并应将决定以书面形式通知所有受影响的客户。如果拒绝申请，则天然气公用事业单位可在拒绝其废弃或永久终止服务申请之日起 30 日内，提出在其拒绝之日起 60 日内举行正式听证会的要求。

（3）如果在批准废弃或永久终止服务的申请后，当地分输公司不再向任何住宅或商业客户提供服务，则分输公司应根据本节（b）小节提出废弃或永久终止服务的申请。

（4）委员会主任有权就符合本款条件的废弃或永久停止服务申请进行行政裁定。

（5）根据本节的条款，由于管道安全紧急情况而导致的暂时中止服务不应被视为废弃或永久终止服务。如果天然气公用事业单位由于管道安全紧急情况而决定不恢复服务，则天然气公用事业单位应在临时终止服务后 30 日内根据本节提出申请。

（6）天然气公用事业单位应承担举证责任，以表明拟议的废弃或永久终止服务是合理和必要的，并且不违反公共利益。在确定废弃或永久终止服务的申请时，委员会应考虑以下条件：

（A）继续服务对天然气公共事业单位是否不经济；

（B）可能被影响的客户是否有其他选择，有多少，承担什么样的成本；

（C）在无法使用替代能源的情况下，是否有客户依靠天然气的持续供应进行投资或资本支出；

（D）公用事业单位是否未能适当地维护拟废弃的设施，由于疏忽而使其不可挽救；

（E）影响潜在客户的其他考虑因素。

（b）为住宅和商业客户提供服务。天然气公用事业单位在涉及拆除或废弃除仪表以外的设施而废弃或永久终止对住宅或商业客户的服务之前，应获得委员会的书面批准。由于本章 D 节（与客户服务和保护有关）中所述的任何原因，本小节不适用于对住宅或商业客户的服务中断。

（1）除在紧急情况下发生的管道安全事故外，天然气公用事业单位应至少在拟定的废弃生效日期或永久中断服务之前 60 日，向铁路委员会主任提出废弃或永久终止向当住宅或商业客户提供服务的申请。除了该篇第 1.32 节中要求的信息外，申请书还应说明以下内容：

（A）每种服务类别中直接受影响的客户数量；

（B）所有直接受影响的客户的姓名和地址；

（C）建议废弃或永久终止服务的具体原因；

（D）天然气公共事业单位拟废弃或提议永久终止服务的管线或工厂的描述，使用年限和状况；

（E）向直接受影响的客户继续提供现有服务的收入和成本；

（F）直接受影响的客户可以使用的所有合理替代能源，以及按 MMBtu 当量计算的此类能源的成本；

（G）转换为可用替代能源的每位客户的成本；

（H）为转换客户的设备以使用替代能源，与天然气公共事业单位直接受影响的客户达成的协议或条件的条款；

（I）公用事业单位从直接受影响的客户处获得的任何废弃或永久终止的同意书的副本；

（J）公用事业单位向直接受影响的客户提供的任何事先通知；

(K)申请经过委员会批准的申明；

(L)关于直接受影响的客户对申请提出异议的权利，以及提出此类异议的程序的声明。

(2)天然气公用事业单位必须在申请废弃或永久终止服务的同一天，将申请书的副本发送给所有直接受影响的客户。

(A)如果任何直接受影响的客户在提出申请之日起30日内提出抗议，则委员会应在提出申请之日起60日内举行正式听证会。

(B)如果所有直接受影响的客户均未同意废弃或永久终止服务，并且如果天然气公共事业单位未向所有直接受影响的客户提供本篇第7.115节所定义的合理条件，但没有直接受影响的客户在提出申请之日起30日内提出抗议，主任应在提出申请之日起45日内对该申请采取行政裁定，并将决定以书面形式通知所有直接影响客户。主任可从直接受影响的客户那里寻求更多信息，以确定他们是否已收到有关拟定废弃后果的充分信息。如果主任拒绝废弃或永久终止服务申请，则天然气公用事业公司可在拒绝之日起30日内提出在其拒绝之日起60日内举行正式听证会的要求。

(C)下列情况之一时，主任应在天然气公共事业单位提交申请之日起30日内对申请作出行政裁定：

（i）所有直接受影响的客户都同意废弃或永久终止服务，并且没有任何直接受影响的客户在天然气公司提交申请之日起15日内提出抗议；

（ii）天然气公共事业单位已向所有直接受影响的客户提供了本篇第7.115条中定义的合理条件，并且没有任何直接受影响的客户在自提出申请之日起15日内抗议。如果主任拒绝该申请，则天然气公共事业单位可以要求在提出听证请求后的60日内举行正式听证会。天然气公共事业单位应在主任拒绝废弃或永久终止服务的申请之日起30日内提出任何要求进行正式听证的请求。

(3)主任有权对符合本款条件的废弃或永久停产申请进行行政裁定。

(4)根据本条的规定，由于管道安全紧急情况而导致的暂时中止服务不应被视为废弃或永久终止服务。如果天然气公用事业单位由于管道安全紧急情况而决定不恢复服务，则应在临时中止服务后30日内根据本条提出申请。

(5)天然气公用事业单位应承担举证责任，以表明拟议的废弃或永久终止服务是合理和必要的，并且不违反公共利益。在确定废弃或永久终止服务的申请时，委员会应考虑以下条件：

(A)继续服务对天然气公共事业单位是否不经济；

(B)可能被影响的客户是否有其他选择，有多少，承担什么样的成本；

(C)在无法使用替代能源的情况下，是否有任何客户依靠天然气的持续供应进行投资或资本支出；

(D)公用事业单位是否未能适当地维护拟废弃的设施，由于疏忽而使其不可挽救；

(E)影响潜在客户的其他考虑因素。

2. 行政法第43篇

得克萨斯州行政法第43篇"交通运输"第1部分"得克萨斯州交通运输部"第21章"通

行权"第 C 子章"公共设施提供"第 21.39 节"设施的所有权、功能、废弃和闲置"对公共设施(包括管道)的废弃申请、处置要求、废弃记录保存进行了规定,具体条款如下[29]:

(d)设施的废弃或闲置。

(1)通知。如果公用事业单位废弃或闲置公用设施,则必须在合理的时间内书面通知交通运输部设施的状态。如果废弃,则说明公用设施是拆除还是就地废弃。

(2)就地废弃。

(A)希望废弃现有公用设施的公用事业单位必须针对每种类型的设施向区域工程师提交书面请求。对于每个拟废弃的设施,该请求必须包括以下详细信息:

(ⅰ)与地界线和公路中心线的偏移量;

(ⅱ)根据全球定位系统(GPS)或交通运输部门指示调查的数据获得的坐标;

(ⅲ)公用设施的年龄、状况、材料类型、当前状态、数量和大小;

(ⅳ)竣工图或记录图上显示的符号、字符、缩写、比例和其他数据的图例说明;

(ⅴ)该公用设施不包含危险材料或受其污染的声明;

(ⅵ)交通运输部要求的任何其他信息。

(B)如果地区工程师批准废弃,公用事业设施所有者应继续按照本分章、联邦法规或行业组织采用的标准(以较严格的限制为准)要求绘制地图、定位并标记其废弃的公用设施。

(C)废弃不应解释为公用事业设施所有权的变更。

(3)废弃费用和公共通行权的恢复。公用事业单位应在路权范围内承担与维修或拆除其废弃或闲置的公用事业设施有关的所有费用,除非拆除该线路是由于现行高速公路项目造成的,且调整是交通运输部的财务责任。

(4)空隙。禁止在通行权下方出现大量空隙。交通运输部可以根据地区工程师的判断,要求公用事业设施填充水泥浆或回填。

(5)高低压管道的废弃。每个公用事业单位均应在符合本节要求、现行联邦、州或地方法律或法规或行业标准(以较严格者为准)要求的情况下进行管道的废弃或停用。如果管道被批准废弃,公用事业单位应:

(A)吹扫、切割,并沿管道路由对所有管道设施的末端盖帽或堵塞;

(B)向交通运输部提交书面证明,证明废弃符合本节的所有要求、现行的联邦、州或地方法律或法规或行业标准,以较严格者为准;

(C)根据设施使用年限、条件、材料类型、数量和规模,在交通运输部确定需要的情况下对管道进行注浆;

(D)将每条管道从气源和供应源断开,管道进行吹扫,对于淹没的管道,在管道中充水或其他认可的材料,并对管道末端进行密封;

(6)废弃的燃气服务管线。对于批准废弃的每条燃气服务管线,公用事业单位应:

(A)提供一种旨在防止每个关闭的阀门打开的锁定装置或其他装置,以防止气体流向客户;

(B)在服务管线或仪表总成中安装防止气体流动的机械装置或配件;

（C）物理上将客户的管道与供气装置断开，并密封敞开的管道末端；

（D）确保吹扫后不存在可燃混合物；

（E）用合适的压实材料填充每个废弃的地下室。

（7）保留废弃公用设施的记录。被废弃的地下公用设施的记录应保存在公用设施的永久档案中，直到公用设施完全从地面上拆除为止，并在要求时立即提供给交通运输部。记录必须包括：

（A）与地界线和通行权中心偏离的偏移量；

（B）由交通运输部门使用的全球定位系统或按其指示调查的数据得出的坐标；

（C）设备的类型、数量和大小；

（D）图例说明地图上显示的符号、字符、缩写、比例和其他数据；

（E）废弃设施的位置；

（F）部门要求的任何其他信息。

3.3　国内法规

我国与油气管道废弃（报废）密切相关的法规主要有《中华人民共和国石油天然气管道保护法》《中华人民共和国特种设备安全法》《特种设备安全监察条例》，以及一些地方政府依据管道保护法制定的地方性法规，这些法规主要侧重于报废管道的备案制度和判废。此外，《中华人民共和国安全生产法》《中华人民共和国环境保护法》《中华人民共和国水污染防治法》《中华人民共和国固体废物污染环境防治法》《中华人民共和国土壤污染防治法》等法规对废弃管道的安全、环境处置同样具有约束力。

3.3.1　国家法规的相关条款

（1）《中华人民共和国石油天然气管道保护法》（2010 年 10 月 1 日起施行）

第四十二条　管道停止运行、封存、报废的，管道企业应当采取必要的安全防护措施，并报县级以上地方人民政府主管管道保护工作的部门备案。

（2）《中华人民共和国特种设备安全法》（2014 年 1 月 1 日起施行）

第二条　特种设备的生产（包括设计、制造、安装、改造、修理）、经营、使用、检验、检测和特种设备安全的监督管理，适用本法。

本法所称特种设备，是指对人身和财产安全有较大危险性的锅炉、压力容器（含气瓶）、压力管道、电梯、起重机械、客运索道、大型游乐设施、场（厂）内专用机动车辆，以及法律、行政法规规定适用本法的其他特种设备。

第三十二条　特种设备使用单位应当使用取得许可生产并经检验合格的特种设备。

禁止使用国家明令淘汰和已经报废的特种设备。

第四十八条　特种设备存在严重事故隐患，无改造、修理价值，或者达到安全技术规范规定的其他报废条件的，特种设备使用单位应当依法履行报废义务，采取必要措施消除该特种设备的使用功能，并向原登记的负责特种设备安全监督管理的部门办理使用登记证书注销手续。

前款规定报废条件以外的特种设备，达到设计使用年限可以继续使用的，应当按照安全技术规范的要求通过检验或者安全评估，并办理使用登记证书变更，方可继续使用。允许继续使用的，应当采取加强检验、检测和维护保养等措施，确保使用安全。

第六十条　负责特种设备安全监督管理的部门对依法办理使用登记的特种设备应当建立完整的监督管理档案和信息查询系统；对达到报废条件的特种设备，应当及时督促特种设备使用单位依法履行报废义务。

(3)《特种设备安全监察条例》(2003 年 3 月 11 日发布，2009 年 1 月 24 日修订)

第三十条　特种设备存在严重事故隐患，无改造、维修价值，或者超过安全技术规范规定使用年限，特种设备使用单位应当及时予以报废，并应当向原登记的特种设备安全监督管理部门办理注销。

第八十四条　特种设备存在严重事故隐患，无改造、维修价值，或者超过安全技术规范规定的使用年限，特种设备使用单位未予以报废，并向原登记的特种设备安全监督管理部门办理注销的，由特种设备安全监督管理部门责令限期改正；逾期未改正的，处 5 万元以上 20 万元以下罚款。

(4)《中华人民共和国安全生产法》(2021 年 6 月 10 日发布，2021 年 9 月 1 日起施行)

第三十六条　安全设备的设计、制造、安装、使用、检测、维修、改造和报废，应当符合国家标准或者行业标准。

第三十九条　生产、经营、运输、储存、使用危险物品或者处置废弃危险物品的，由有关主管部门依照有关法律、法规的规定和国家标准或者行业标准审批并实施监督管理。

生产经营单位生产、经营、运输、储存、使用危险物品或者处置废弃危险物品，必须执行有关法律、法规和国家标准或者行业标准，建立专门的安全管理制度，采取可靠的安全措施，接受有关主管部门依法实施的监督管理。

第一百条　未经依法批准，擅自生产、经营、运输、储存、使用危险物品或者处置废弃危险物品的，依照有关危险物品安全管理的法律、行政法规的规定予以处罚；构成犯罪的，依照刑法有关规定追究刑事责任。

(5)《中华人民共和国环境保护法》(2014 年 4 月 24 日修订，2015 年 1 月 1 日起施行)

第二十五条　企业事业单位和其他生产经营者违反法律法规规定排放污染物，造成或者可能造成严重污染的，县级以上人民政府环境保护主管部门和其他负有环境保护监督管理职责的部门，可以查封、扣押造成污染物排放的设施、设备。

第五十九条　企业事业单位和其他生产经营者违法排放污染物，受到罚款处罚，被责令改正，拒不改正的，依法作出处罚决定的行政机关可以自责令改正之日的次日起，按照原处罚数额按日连续处罚。

前款规定的罚款处罚，依照有关法律法规按照防治污染设施的运行成本、违法行为造成的直接损失或者违法所得等因素确定的规定执行。

地方性法规可以根据环境保护的实际需要，增加第一款规定的按日连续处罚的违法行为的种类。

第六十条　企业事业单位和其他生产经营者超过污染物排放标准或者超过重点污染物排放总量控制指标排放污染物的，县级以上人民政府环境保护主管部门可以责令其采取限制生产、停产整治等措施；情节严重的，报经有批准权的人民政府批准，责令停业、关闭。

(6)《中华人民共和国水污染防治法》(2017年6月27日修订，2018年1月1日起施行)

第三十三条　禁止向水体排放油类、酸液、碱液或者剧毒废液。

禁止在水体清洗装贮过油类或者有毒污染物的车辆和容器。

第三十四条　禁止向水体排放、倾倒放射性固体废物或者含有高放射性和中放射性物质的废水。

第三十七条　禁止向水体排放、倾倒工业废渣、城镇垃圾和其他废弃物。

(7)《中华人民共和国固体废物污染环境防治法》(2020年4月29日修订，2020年9月1日起施行)

第十七条　建设产生、贮存、利用、处置固体废物的项目，应当依法进行环境影响评价，并遵守国家有关建设项目环境保护管理的规定。

第二十条　产生、收集、贮存、运输、利用、处置固体废物的单位和其他生产经营者，应当采取防扬散、防流失、防渗漏或者其他防止污染环境的措施，不得擅自倾倒、堆放、丢弃、遗撒固体废物。

禁止任何单位或者个人向江河、湖泊、运河、渠道、水库及其最高水位线以下的滩地和岸坡以及法律法规规定的其他地点倾倒、堆放、贮存固体废物。

第四十条　产生工业固体废物的单位应当根据经济、技术条件对工业固体废物加以利用；对暂时不利用或者不能利用的，应当按照国务院生态环境等主管部门的规定建设贮存设施、场所，安全分类存放，或者采取无害化处置措施。贮存工业固体废物应当采取符合国家环境保护标准的防护措施。

(8)《中华人民共和国土壤污染防治法》(2018年8月31日发布，2019年1月1日起施行)

第十九条　生产、使用、贮存、运输、回收、处置、排放有毒有害物质的单位和个人，应当采取有效措施，防止有毒有害物质渗漏、流失、扬散，避免土壤受到污染。

第二十二条　企业事业单位拆除设施、设备或者建筑物、构筑物的，应当采取相应的土壤污染防治措施。

土壤污染重点监管单位拆除设施、设备或者建筑物、构筑物的，应当制定包括应急措施在内的土壤污染防治工作方案，报地方人民政府生态环境、工业和信息化主管部门备案并实施。

3.3.2　地方级法规的相关条款

(1)《福建省石油天然气管道设施保护暂行办法》(2008年9月9日颁布并施行)

第十一条 陆上管道设施工程建设单位应当严格按照国家有关档案管理的规定，及时收集、整理工程项目各环节的文件资料，建立、健全项目档案，并在工程竣工验收合格之日起 15 日内，将工程项目档案移交管道设施所在地的市、县城建档案管理机构，并同时抄报城乡规划主管部门。

海上管道设施的工程建设单位应当在管道设施铺设竣工后 90 日内，将管道设施的路线图、位置表等注册登记资料报送县级人民政府海洋行政主管部门备案，并同时抄报海事、航道管理机构。

管道设施更改、报废或者存在漏测的，管道企业应当及时对工程档案进行修改补充，并根据前两款规定移交或报备。

(2)《浙江省石油天然气管道建设和保护条例》(2021 年 3 月 26 日修订，2021 年 3 月 26 日起施行)

第二十七条 管道停止运行、封存、报废的，管道企业应当采取必要的安全防护措施，排除安全隐患，并将安全防护措施报管道所在地县(市、区)发展改革主管部门备案；涉及的管道跨县(市、区)的，报设区的市发展改革主管部门备案；涉及的管道跨设区的市的，报省发展改革(能源)主管部门备案。安全防护措施备案后，任何单位和个人不得擅自修改、调整；确需修改、调整的，应当由管道企业重新报备案。

停止运行、封存的管道需要重新启用的，管道企业应当将重新启用管道的理由、安全运行保障方案等报原备案的发展改革(能源)主管部门，由发展改革(能源)主管部门组织有关部门和专家进行评审论证。经评审论证，管道符合相关安全运行条件的，方可重新启用。

(3)《山东省石油天然气管道保护条例》(2018 年 11 月 30 日发布，2019 年 3 月 1 日起施行)

第二十四条 管道停止运行、封存、报废的，管道企业应当采取必要的安全防护措施，并报管道所在地县级人民政府管道保护主管部门备案。

停止运行、封存的管道需要重新启用的，应当按照国家有关规定检验合格，并在启用前告知原备案的管道保护主管部门。

第4章 油气管道废弃标准分析

导 读

本章介绍国内外重要的管道废弃相关标准，并按照判废和废弃处置两个层面，多技术点进行对比分析，以期全面解析当前管道废弃业务的标准情况。

4.1 国外标准

由于国外油气管道运营商多为私营企业，其管道判废是企业自我决策的过程，只是受监管机构的监督。因此，国外涉及管道判废的标准较少，主要有 ISO 19345.1—2019《石油和天然气工业 – 管道运输系统 – 管道完整性管理规范 第1部分：陆上管道全生命周期完整性管理》和 ISO/TS 12747—2011《石油天然气工业 管道输送系统 管道延寿推荐作法》，分别给出了基于管道剩余寿命和延寿可行性的判废依据。

国外主要的管道标准基本均有涉及管道废弃处置的内容，具体包括2项国际标准，即 ISO 19345.1—2019 和 ISO 13623—2017；6项行业协会的标准，即 CSA Z662—2019、ASME B31.4—2019、ASME B31.8—2018、IGEM/TD/1 Ed.5—2010、BS PD 8010.1—2015 与 AS 2885.3—2012。各标准有关管道废弃处置的相关要求如下：

1）加拿大 CSA Z662—2019《油气管道系统》指出，应基于当前和未来的土地利用以及潜在的安全风险和环境破坏（地面沉降、土壤污染、地下水污染、冲刷、导流效应）评估实施就地废弃一段管道或者全部拆除的决策。对就地废弃的管道，要求：清空管内介质，吹扫或者清洗管道或者吹扫清洗两者兼用，物理上隔离与其他系统的连接，加盖、封堵或采用其他有效的方式密封废弃管道。同时，给出管道相关设施（地下室、地上储罐和压力容器、地下储罐）的拆除要求，还要求管道运营企业维护废弃管道的记录信息，包括就地弃置管道的位置、长度，实际埋深等信息。

2）美国 ASME B31.4—2019《液体和泥浆管道输送系统》有关油气管道废弃的条款内容比 CSA Z662—2019 少，仅对就地废弃的管道进行了一般性要求，比如物理隔离、介质置换与清理、管道两端密封。

3）美国 ASME B31.8—2018《输气和配气管道系统》对气体输送设施的废弃进行了规定，要求运营企业制定设施废弃的操作和维护流程规划，具体包括废弃的设施从供气源隔离，就地废弃的设施应注入材料置换气体，末端密封。此外，还指出在确定废弃的设施不含液态氢的情况下，可以用空气置换气体，但要求置换后不能存在易燃混合物。

（4）英国 IGEM/TD/1 Ed.5—2010《高压气体传输管道和相关设施》规定：对不再用于气体运输的管道、管段或者管道相关的设施资产应停止运行，在清除管内危险液体的情况下，考虑通过再利用、拆除或者留在原地的方式处理。该标准指出应考虑公众安全、环境保护、未来的土地利用、法律职责与义务、公司实际困难和资金问题、管道维护需求等因素进行不同处理方式的选择。该标准还对停止运行的资产需采取的措施进行了规定，主要包括：拆除所有地面设施部分及少部分埋地管道，清理管内可燃气体、蒸气或者残留物，物理隔离废弃管道，合适的条件下填充无害材料加固，特别是对处于穿越公路和铁路或者对地面沉降敏感区域的大口径管道。但考虑实际条件和经济因素，填充处理方式仅限少部分埋地管道。在注浆填充大口径管道不现实的情况下，可充入气体，并永久密封阀门和填充点，进行必要的泄漏检测，定期进行压力测试，必要时重新打压。此外，该标准对就地废弃的管道要求保留标识，并永久维护记录。该标准不推荐大口径管道全部注浆。

（5）英国 BS PD 8010.1—2015《管道系统　第1部分：陆上钢制管道操作规程》，对陆上管道的废弃进行了原则性规定，要求管道废弃前进行物理隔离，清空并清理管内介质，确保废弃的管内没有有害物质残留，所有开口加封盖密封；对易受地面沉降影响或者重载荷的区域，废弃管线应填充合适的材料；就地废弃不能确保安全的管道，需要拆除，并且所有的地面设施应拆除到地下900mm深度范围。

（6）澳大利亚 AS 2885.3—2012《天然气和液态石油管道　第3部分：运行和维护》对管道废弃的流程，一般原则性要求进行了规定。当需要废弃管道时，标准要求编制废弃计划，并获得批准。废弃计划的决策和实施需要与标准规定的废弃流程保持一致。管道废弃时的原则性要求包括：与所有烃类源物理隔离，用不易燃烧的液体置换管内的烃类及蒸汽，同时要求置换液体的处理应符合相关的环境和安全要求；当就地废弃获得批准时，废弃的管道应确保地面下沉和土壤或者水源污染的风险最小，必要时考虑注浆；当采取拆除方式废弃管道时，管段的拆除要符合所有相关的安全和环保要求。不保留阴极保护系统时，要求拆除埋地电缆、电流注入单元、电源线、太阳能单元和电池，地表下600mm深度范围内的阳极和阴极地床应该断开连接；管道相关的地上设施应全部拆除；就地废弃的管道还应进行现场测绘，识别废弃管道的位置，并将相关记录对公众开放。该标准建议在地役权不再使用的情况下释放地役权，即归还给土地拥有者。

（7）国际标准化组织 ISO 19345.1—2019《石油和天然气工业 - 管道运输系统 - 管道完整性管理规范　第1部分：陆上管道全生命周期完整性管理》对管道废弃的隔离封堵、残留物清理、特殊部位的注浆填充、局部废弃管段的拆除、废弃管道的再利用、废弃记录的保留及存档进行了规定，是管道废弃内容比较全面的标准。该标准规定：一旦管道废弃，应将其与液体或气体输送系统网络物理隔离；管道停用后，应当立即执行残留物清理活动。应当彻底消除废弃管道的安全和环境风险，或将其降低到预定的可接受水平；对于就地废弃的管道，运营商应当考虑在废弃的管道中填充永久性惰性物质（例如，填充泥浆、水泥浆或水泥砂浆等），并且对此类管道应当采用盖帽、封堵或以其他方式进行有效密封；如果未采取永久性处置方法，则废弃的管道还可用于其他目的。这些目的包括存储其他工业废物，用作排水设施、浅井套管、民用设施或浅井的陆上勘探。

（8）ISO 13623—2017《石油和天然气工业 – 管道输送系统》对废弃管道的一般安全要求、残留物清理和隔离提出了要求。该标准规定：废弃的管道段应处于对公众和环境安全的状态；长期停止使用的管段应当考虑予以退役，管段内部液体应按规定清除；管道系统中将要废弃的部分应与仍在使用中的管道系统的其他部分断开连接。

4.2　国内标准

国内涉及管道判废的标准主要有：GB 32167—2015《油气输送管道完整性管理规范》、GB/T 37190—2018《管道腐蚀控制工程全生命周期　通用要求》和 GB/T 31468—2015《石油天然气工业　管道输送系统　管道延寿推荐作法》（等同采用 ISO/TS 12747：2011），其中 GB/T 37190—2018 和 GB 32167—2015 标准主要以可维修性和完整性评价结果作为废弃依据，GB/T 31468—2015 主要以延寿可行性作为管道判废的依据，并未考虑其他因素，依据单一，难以满足企业生产需求，缺少独立的长输管道判废标准。

涉及管道废弃处置标准主要有：GB/T 35068—2018《油气管道运行规范》、GB/T 37190—2018 和 SY/T 7413—2018《报废油气长输管道处置技术规范》。其中，GB/T 37190—2018 主要对废弃方案编制及后期维护进行了规定，GB/T 35068—2018 仅涉及废弃管道的隔离和介质置换要求。SY/T 7413—2018 是 2019 年 3 月 1 日正式实施的专门针对陆上长输管道废弃处置的标准，涉及的内容较为全面，对废弃处置流程，管道隔离封堵、注浆、残留物清理、拆除的适用情况及技术要求的规定较为详细。

4.3　标准对比分析

本节从判废和废弃处置两个方面，归纳总结出 11 个对比技术点，全面分析国内外标准差异，进一步指出当前存在的问题，提出下一步标准发展建议，同时根据对比分析情况，推荐出国内管道企业宜执行的标准或者条款。其中，判废 1 个技术点，即判废依据；废弃处置 10 个技术点，即处置流程、废弃方案、隔离、介质清理、拆除、注浆填充、后期维护、记录要求、一般要求和再利用。详细对比分析见表 4 – 1 和表 4 – 2。

表4-1 管道判废标准对比分析

序号	关键技术点	相关标准规定	对比分析	推荐执行标准或者条款	存在问题
1	废弃依据	ISO 19345.1—2019 13.2.1 如果管道剩余寿命评估结果表明,管道的剩余寿命为零,则应废弃该管道。 13.3.1 如果通过剩余寿命评估或根据当地法规要求确定废弃管道,则管道运营者应实施管道退役和废弃。 ISO/TS 12747—2011 a)如果需要管道系统超过其设计寿命运行,应进行延寿评估。 b)如果延寿不合理(或者新建管道是最经济的解决方案),管道应当在设计寿命到期时退役。 GB/T 31468—2015 内容同 ISO/TS 12747—2011。 GB/T 37190—2018 19.1.1 对运行的管道及腐蚀控制系统经论证其安全性、功能性已不能满足设计要求,且无法修复或修复不经济时,应报废。 19.1.2 根据管道完整性评价及专业评估团队的评估结果不适应继续使用时,管道宜报废。 GB 32167—2015 当评估结果显示不适宜继续使用时,管道宜报废。	GB/T 37190—2018 标准主要以可维修性和完整性评价结果作为废弃依据,其他标准主要基于管道的剩余寿命或者延寿可行性、作为管道判废的依据,并没有考虑其他因素。	管道废弃的决策应综合考虑管道上下游业务需求、管道完整性状况、输送经济性、延寿可行性等因素合理确定。	国际上尚无系统科学的管道判废标准。建议制定独立的管道判废标准。

表4-2 管道废弃处置标准对比分析

序号	关键技术点	相关标准规定	差异分析	推荐执行标准或者条款	存在问题
1	处置流程	AS 2885.3—2012 废弃处置流程包括:管道判废、确定废弃计划、获得利益相关方的许可、介质清理与清除、完成废弃活动(包括就地废弃活动和拆除活动)、完成文件记录、监控与维护、责权释放。 SY/T 7413—2018 废弃处置流程包括:处置项目立项、资料收集、现场调研、处置方案编制、方案审查、地方政府报备、工程实施、施工验收与报备。其中,处置方案宜包括工程概况、依据及执行标准、处置方式确定、处置技术要求(包括拆除、清洗、注浆、分段隔离等)、土地处置、费用概算、HSE 管理、项目组织及进度等内容。	目前仅有 AS 2885.3—2012 和 SY/T 7413—2018 两个标准给出了管道废弃处置流程,均包含方案制定、方案审查和工程实施等步骤,其中 AS 2885.3—2012 包含后期监测和维护内容,SY/T 7413—2018 中无后期维护内容,因为 SY/T 7413—2018 以实现废弃后免维护或者少维护为目标。	SY/T 7413—2018	SY/T 7413—2018 处置工程实施的技术流程不够详细。

序号	关键技术点	相关标准规定	差异分析	推荐执行标准或者条款	存在问题
2	废弃方案	**ISO 19345.1—2019** 在进行管道废弃之前，运营商应组织主管人员准备管道废弃计划，并将环境评估和安全评估考虑委托给主管人员。废弃计划的制订需要分析每个弃置段中的安全和环境风险，并确定相关的控制措施，以确保整个管道废弃和处置流程受控，并且环境保护符合国家和地方要求。如果在废弃期间没有现场处置运输的液体介质，则无须评估其对环境的影响和安全性评估。如果不进行开挖，则无须进行开挖对环境的影响评估和安全评估。 **AS 2885.3—2012** 当管道被废弃时，应编制一个包括环境恢复计划的废弃计划。 **CSA Z662—2019** 废弃管道的决定，无论是就地废弃还是通过拆除，都应根据书面的废弃方案作出，该废弃方案应包括废弃的理由、土地业主咨询、对地形和水体的影响；公路和铁路穿越，以及当前和未来潜在的土地利用。该方案应考虑由于地面塌陷、土壤掺混或污染、地下水污染、侵蚀，以及形成导流效应而造成的潜在安全隐患和对环境的潜在损害。 **SY/T 7413—2018** 3.1 应综合考虑法律法规、标准规范、安全环保、处置成本、土地规划等因素，制定报废管道处置方案。 4.2.3 报废管道处置方案宜包括工程概况、依据及执行标准、处置方式确定、处置技术要求、土地处置、费用概算、HSE 管理、项目组织及进度等内容，模板参见附录 A。 **GB/T 37190—2018** 19.2.1 对于报废的管道，应制定废弃处理方案。 19.2.3 制定报废管道废弃处置方案时，应考虑包括但不限于以下因素： a)土地使用管理； b)环境污染； c)管道清洁度； d)穿跨越河流； e)腐蚀环境； f)公路、铁路及公共设施穿跨越； g)管道水流渗入处理； h)附属设施； i)废弃成本。	ISO 19345.1—2019 和 CSA Z662：15 标准要求不完全适用于国内，GB/T 37190—2018 直接采用国外要求，存在同样的问题。AS 2885.3—2012 标准对方案的要求比较笼统。	SY/T 7413—2018	无

序号	关键技术点	相关标准规定	差异分析	推荐执行标准或者条款	存在问题
3	隔离	ISO 13623—2017 管道系统中将要废弃的部分应与仍在使用中的管道系统的其他部分断开连接。 ISO 19345.1—2019 一旦管道废弃，应将其与液体或气体输送系统网络物理隔离。 AS 2885.3—2012 当管道被废弃时应与所输送介质的源头断开，如其他管道、加工厂、控制线和其他附属装置。 ASME B31.4—2019 将要就地废弃的设施应与所有输送液体的来源断开，如其他管道、仪表站、控制线和其他附属设备。 ASME B31.8—2018 废弃的设施应与所有介质来源和供气源断开连接，如其他管道、干线、交叉配管、计量站、控制线和其他附属设备。 CSA Z662—2019 就地弃置的管道应与在用管道物理隔离。 IGEM/TD/1 Ed.5—2010 与系统的其他部分物理隔离，并与所有可能的气源隔离。 BS PD 8010.1—2015 计划废弃的管道系统应当按照13.2.5退役，并与仍在使用中的管道系统的其他部分断开连接。 GB/T 35068—2018 弃置或报废管道或管段应与运行管道或管段断开连接，弃置或报废的管道或管段两端应有效封堵。 SY/T 7413—2018 所有就地弃置管段的两端应进行隔离。	国外标准均明确要求和气源或者油源隔离，只是表述的详细程度存在差异，本质上一致；GB/T 35068—2018对废弃管道的隔离要求较明确，SY/T 7413—2018虽然未明确提出与油源/气源隔离，但要求就地弃置管道两端应进行隔离，实际上间接包含了与其他介质源隔离的要求。	GB/T 35068—2018	SY/T 7413—2018中隐含要求与油源/气源隔离，但不明确。建议未来明确提出。
4	介质清理	ISO 13623—2017 长期停止使用的管段应当考虑予以退役，管段内部液体的清除应遵循13.3.7节的要求。 ISO 19345.1—2019 13.3.1 管道停用后，应当立即执行残留物清理活动。应当彻底消除废弃管道的安全和环境风险，或将其降低到预定的可接受水平。 13.3.3 为了清理要废弃的液体管道，运营商应使用氮气吹扫包括低凝固点原油在内的液体介质管道。 应将就地废弃的每条输气管道与所有供气源断开连接，然后清除天然气和碳氢化合物。天然气管道应使用氮气吹扫。			

序号	关键技术点	相关标准规定	差异分析	推荐执行标准或者条款	存在问题
4	介质清理	AS 2885.3—2012 应采用不可燃流体将管道中液体和蒸气清除。清洗液的处理应符合所有相关的环保和安全要求。 ASME B31.4—2019 将要就地废弃的设施应使用惰性材料清除输送的液体和蒸气。 ASME B31.8—2018 将就地废弃的设施应用惰性材料清除气体，并密封其端部，但以下情况除外：在采取预防措施确保没有液态烃残留在要废弃的设施中之后，可以用空气吹扫这些设施。 CSA Z662—2019 就地废弃的管段应清空输送流体，并进行吹扫或适当清洗，或两者同时进行，以确保管道中不残留任何可流动物质。 IGEM/TD/1 Ed.5—2010 清理并清除管道中的易燃气体、蒸气或残留物。 BS PD 8010.1—2015 a. 如果管道输送的液体有潜在的环境危害，或者会和土壤接触，则需将该液体从管道中清除。 b. 管道废弃的部分应该清空，然后清理残留物，以确保没有有毒物质保留在管内。 GB/T 35068—2018 需弃置或报废的管道或管段，应置换管内油气介质并制定处置方案。 SY/T 7413—2018 3.2 就地弃置管段应将残留物清理至规定要求，再根据需要进行分段隔离或注浆填充处置。 6.2 残留物清理的方法包括通球扫线、蒸汽吹扫、化学清洗等。 6.3 残留物清理应达到内壁无油无蜡、无积液、可燃气体检测满足火焰切割条件的洁净程度。 6.4 残留物清理完成后应在管道两端及至少一个中间部位进行效果验证，中间部位宜选择在管道的相对低点。 6.5 残留物清理时管道压力不应超过管道停输前允许的最大运行压力。 6.6 残留物清理期间产生的固废、液废应进行集中收集并规范处置。 6.7 原油管道宜通过管道清洗的方式进行残留物清理。	国外标准均要求清空管内介质，并进行一定程度的残留物清理，但是对清理洁净度没有量化要求；GB/T 35068—2018 仅要求介质置换，SY/T 7413—2018 不仅对采用的残留物清理技术进行了推荐，特别是针对原油管道，推荐采用组合清洗技术，而且对清洗后的洁净度提出了半定量指标要求。	SY/T 7413—2018	无

序号	关键技术点	相关标准规定	差异分析	推荐执行标准或者条款	存在问题
5	拆除	ISO 19345.1—2019 对于确定要拆除的管段,应严格遵守管道的废弃和拆除计划,对管道进行切割、拆除、运输、存储和处置。拆除后应及时进行回填和土地恢复。 AS 2885.3—2012 10.6.3 管道拆除 当通过拆除废弃时,管段拆除应符合相关的安全和环境要求。管道拆除时的注意事项与建设时类似,应该满足 AS 2885.1 中的相关要求。 10.6.4 地上管道应拆除废弃。 10.6.5 管道废弃的额外要求 当管道废弃时,应满足以下额外要求: a)拆除所有建筑物、围墙和设备。 b)管道废弃后期维护阶段完毕后,与管道有关的标志均拆除。 c)除根据条款10.6.2要求进行阴极保护外,拆除阴极保护系统,包括埋地电缆、外加电流装置、电源线、太阳能电池板和电池。阳极和接地床在地表以下600mm处断开。 d)所有与第三方结构连接的干扰减轻装置均需拆除,即管道必须与所有其他结构物理和电气分离。 CSA Z662—2019 10.16.3 就地废弃的埋地管道应将所有相关地面设备(包括管道立管、衬里通风配管、套管通风孔、地下阀室或阀门延长器、检查钟形孔,以及阴极保护整流器、测试桩或阳极接线)拆除至管道埋深处,在连续运行或停用的现有地面设施内的地面设备除外。 10.16.4 废弃的地上管道和所有相关的地面设备应予以拆除,属于正在运行或停用的现有地面设施的一部分或位于其内的地面设备除外。 IGEM/TD/1 Ed.5—2010 推荐所有地上管线部分拆除。 BS PD 8010.1—2015 如果采用预防措施仍不能保证废弃管道安全时,则应将该管道拆除。管道系统的地上部分应拆除到地面以下至少 900mm 的位置。 SY/T 7413—2018 5.2 下列管段应拆除: a)地上管段及附属设施; b)裸露管段。	国内外标准对地上管道与设施均要求拆除,其中 BS PD 8010.1—2015 对拆除深度提出了具体要求,AS 2885.3—2012 对拆除的内容描述比较全面,SY/T 7413—2018 不仅给出了必须拆除的情况,并推荐了宜拆除的情况,且提出了具体的拆除的技术要求。	SY/T 7413—2018	建议参照国外标准,进一步细化拆除内容的表述。

续表

序号	关键技术点	相关标准规定	差异分析	推荐执行标准或者条款	存在问题
5	拆除	5.3 下列管段宜拆除： a)土地纳入政府开发规划且有明确拆除需求的管段； b)国家基本农田段的管段； c)环境、生态敏感区的陆地部分管段； d)埋深不符合要求的河流穿越段； e)穿越铁路、公路且具备拆除条件的管段； f)便于拆除的其他管段。 7 管道拆除 7.1 管道及附属设施的拆除涉及土方开挖、管道切割作业、吊装作业、管件运输等环节，拆除前应对施工可能存在的安全环保风险进行识别与分析，并制定有效的控制措施。 7.5 管道切割期间应对可燃气体浓度进行监测。 7.6 拆除的管道应进行无害化处置。 7.7 管道拆除后应对地貌进行恢复。			
6	注浆填充	ISO 19345.1—2019 5.3.12.2 原则 当管道就地废弃时，应考虑实施以下措施： ——内部注浆，如砂浆； ——用混凝土(或类似材料)分割管道，避免管道充当水流通道。 13.3.1 对于就地废弃的管道，运营商应当考虑在废弃的管道中填充永久性惰性物质(例如，填充泥浆、水泥浆或水泥砂浆等)，并且对此类管道应当采用盖帽、封堵或以其他方式进行有效密封。 BS PD 8010.1—2015 在某些地区，例如容易发生地面沉降或可能承受较大外部载荷的管道，有必要密封管道的两端并用合适的填料填充废弃的管道。 IGEM/TD/1 Ed.5—2010 如果合适，用无害材料填充遗留管道。例如，对穿越公路和铁路的大口径管段或对沉降敏感的其他位置的大直径管道进行注浆；当注浆填充大口径管道不可行时，充入惰性气体，并永久密封通风口和填充点。同时应进行泄漏测试，并定期检查压力，在必要时重新充气。	国外标准涉及注浆的内容较少，主要针对穿越公路、铁路和水体的局部区域或者容易发生地面沉降的区域，但对注浆无指标要求，其中IGEM/TD/1 Ed.5—2010 对大口径管道允许采用惰性气体填充，但需要进行监测维护，其他标准均要求采用注浆材料填充。SY/T 7413—2018 对需要注浆的情况和注浆要求比较全面，且关键指标有量化要求。	SY/T 7413—2018	SY/T 7413—2018 中填充率指标比较保守，宜根据最新研究成果更新。

序号	关键技术点	相关标准规定	差异分析	推荐执行标准或者条款	存在问题
6	注浆填充	SY/T 7413—2018 8.2 管道注浆 8.2.1 下列管段应进行注浆： a)以直埋(非定向钻)方式穿公路、铁路、水体等处的管段； b)建筑物占压的管段； c)塌陷后会引发严重后果的管段。 8.2.2 外径小于300mm的管道可不做防塌陷注浆处理。 8.2.3 管道注浆应符合以下要求： a)填充率不小于93%，填充率应通过管道填充度和结石率指标的控制来保障； b)防塌陷用途的浆液应在30日内完全固化； c)防塌陷用途的浆液结石强度不宜过高，但也应不低于管道所在位置土体的强度； d)填充材料应无毒、无害、无辐射。			
7	后期维护	AS 2885.3—2012 废弃流程有后期监测与维护的环境，但标准中无相关规定。 ISO 19345.1—2019 a)永久处置的废弃管道不需要主动的管理和巡逻保护； b)如果废弃管道继续采用阴极保护防止管道腐蚀，那么经营者应承担系统维护的责任，并保留适当的记录。 GB/T 37190—2018 对于原位废弃处置的管道，应建立废弃管道跟踪监测系统，确保不发生土地沉陷问题和环境污染。	ISO 19345.1—2019对于永久处置的废弃管道不要求实施主动的管理与巡逻保护，对于保留阴极保护系统的情况，则要求承担维护责任，GB/T 37190—2018则要求对原位废弃的管道进行跟踪监测。	GB/T 37190—2018	无
8	记录要求	ISO 19345.1—2019 13.3.6.1 应保留所有就地废弃管道的记录。此类记录应包括每类口径管道的位置和长度，以及在可行的情况下的埋深。管道运营商应保留与废弃配管有关的所有相关记录。 13.3.6.2 在管道的废弃过程完成后，经营者应向利益相关者(如当地政府机构)和营运者组织内的档案部门，提供废弃和处置的管道的所有相关文件，包括位置、长度、埋深、处置措施、环境控制措施、土地回收情况，以及与地方政府机构的相关通信。	国外部分标准对废弃管道的记录内容提出了要求，主要是就地废弃管道的埋深、位置、处置措施，侧重于废弃相关的内容；SY/T 7413—2018包括的记录内容涉及运行期，包括范围更广。	SY/T 7413—2018	SY/T 7413—2018管道废弃处置紧密相关的记录要求不突出。建议应与管道运维期间的资料分开表述，便于有针对性地向监管机构提供。

序号	关键 技术点	相关标准规定	差异分析	推荐执行标准 或者条款	存在问题
8	记录 要求	CSA Z662—2019 　　为满足第 10.16.1 条至第 10.16.3 条的要求而进行的所有工作均应创建和维护记录。就地废弃管道的附加记录应包括长度、直径、材料类型（例如，金属或非金属）、空间特征以及埋深（可行时）。 IGEM/TD/1 Ed.5—2010 　　对于就地废弃的埋地管道的记录应该妥善保存。 BS PD 8010.1—2015 　　管道运营商应当保留记录，以表明已采取必要的预防措施。还应当准备一份记录计划，显示管道的大小、埋深深度及与地面特征有关的位置，并将副本提供给有关土地的所有者和用户。 AS 2885.3—2012 　　a)在完成废弃管段的就地弃置工作后，应按照 AS 1100.401 要求绘制"废弃"图纸，以标识和定位废弃管段，作为(管道权益)放弃程序的一部分； 　　b)这些记录应公之于众，以防止在将废弃的管道识别为在役管道时可能出现的错误； 　　c)所有关于操作条件变更、工程评估和工作条件变化的记录都应妥善保存，直到管道被废弃或拆除。 SY/T 7413—2018 　　4.2.7 施工验收后验收资料应向县级及以上地方人民政府主管部门备案。 　　9.1 报废管道处置资料应包括但不限于： 　　a)立项材料； 　　b)处置方案； 　　c)报备材料； 　　d)施工记录； 　　e)验收报告； 　　f)审批文件； 　　g)其他相关资料。 　　9.2 收集到的资料应及时进行存档，宜同时保存电子版和纸质版文件。			

序号	关键技术点	相关标准规定	差异分析	推荐执行标准或者条款	存在问题
9	一般要求	ISO 13623—2017 废弃的管道段应处于对公众和环境安全的状态。 ISO 19345.1—2019 5.3.12.2 当就地废弃管道时，应评估管壁塌陷对地表的影响、保留阴极保护、维护标牌。 13.3.5 废弃管道永久处置时应采取所有相关的安全和环境控制措施，以避免任何安全或污染影响。 IGEM/TD/1 Ed.5—2010 12.9.6.1 确定管道废弃方式时，应考虑公共安全、环保、未来土地利用、法律责任与剩余负债、实际困难与财政因素、维护要求。 12.9.9.4 就地废弃的埋地管道或管段应用合适的标志物进行标记。 SY/T 7413—2018 3.2 就地弃置管段应将残留物清理至规定要求，再根据需要进行分段隔离或注浆填充处置。 3.3 拆除管段宜先进行残留物清理，再进行拆除。 3.4 对于已达到报废条件的管道报审后可先进行残留物清理。	该部分主要体现针对管道废弃的一些通用性要求，其中一些标准存在互相矛盾的要求： (1)ISO 19345.1—2019 要求就地废弃管道保留阴极保护系统，而 CSA Z662—2019 和 AS 2885.3—2012 均要求拆除。 (2) IGEM/TD/1 Ed.5—2010 和 ISO 19345.1—2019 明确要求废弃管道维护标志，而 AS 2885.3—2012 则明确要求"管道废弃后期维护阶段完毕后，与管道有关的标志均拆除"，其他标准对该内容均无相关要求。	阀室、管道三桩、阴极保护系统等管道附属设施宜在管道报废处置时拆除。	SY/T 7413—2018 有针对阴极保护系统采取拆除的处置方式，但是拆除的要求不具体，包括在相关设施中，应明确提出。
10	再利用	ISO 19345.1—2019 如果未采取永久性处置方法，则废弃的管道还可用于其他目的。这些目的包括存储其他工业废物，用作排水设施、浅井套管、民用设施或浅井的陆上勘探。	ISO 19345.1—2019 是唯一明确提出废弃管道再利用的标准，其做法比较科学，尤其对于大口径管道。	有其他利用价值的管道或管段，在消除安全环保风险后，经评估满足要求的可进行再利用。	国内标准应增加对废弃管道再利用的规定。

对比分析总结：

(1)国际上涉及管道判废的标准较少，主要为管道完整性管理标准（ISO 19345.1—2019 和 GB 32167—2015）、管道延寿标准（ISO/TS 12747—2011 或者 GB/T 31468—2015）和腐蚀控制全生命周期通用要求（GB/T 37190—2018）三类，4 个标准分别给出了基于管道剩余寿命、延寿可行性的废弃原则，依据单一，难以满足企业生产需求，缺少独立的长输管道判废标准。

（2）国外涉及管道废弃处置的标准较多，不过相关要求仅为整个管道系统或者完整性管理标准的一部分内容，无独立的废弃处置标准。多数标准对废弃管道的隔离、管端密封、介质清理有要求，少数标准对废弃管道的注浆和拆除规定较为明确。但是，整体而言废弃内容多为原则性要求，并不涉及具体的技术措施，且介质清理洁净度、注浆填充等措施缺乏指标规定。此外，少数标准在是否保留阴极保护系统以及维护标牌上存在矛盾。其中，ISO 19345.1—2019 要求保留阴极保护系统，CSA Z662—2019 和 AS 2885.3—2012 则要求拆除；而 IGEM/TD/1Ed.5—2010 和 ISO 19345.1—2019 要求维护废弃管道标志牌，AS 2885.3—2012 则要求拆除。国内，SY/T 7413—2018 是 2019 年 3 月 1 日正式实施专门针对陆上长输管道废弃处置的标准，涉及内容较为全面，对废弃处置流程，管道隔离封堵、注浆、残留物清理、拆除的适用情况及技术要求的规定较为详细，与国外标准相比先进性显著，能够指导管道企业实施管道的废弃处置。但是，该标准缺乏针对管道相关设施废弃、管道判废、废弃管道再利用等方面的内容，注浆填充率指标较为保守，残留物清理洁净度指标量化度不够，仍需基于深入研究和工程实践予以完善。

第5章 废弃方式的选择

导读

　　拆除和就地废弃是管道废弃的两种基本方式，在实际操作过程中如何确定采取哪种方式，需要综合多方面因素考虑决策。本章介绍油气管道通常情况下和特殊情况下的废弃方式选择方法，分别为基于一般原则和基于比较评价优选的方法。

5.1　一般原则

　　废弃方式选择的一般原则，是基于北美和国内管道企业根据某几项(如土地类型、管道口径)指标，并考虑不同方式可能产生环境影响，总结形成的经验性做法，简单、易用，适用于多数情况下管道废弃方式的选择确定。

　　基于该方法选择管道废弃方式时，位于下列地区的管道适合就地废弃：

　　1)公园及自然景区。

　　2)生态保护区。

　　3)易水土流失或者受侵蚀的地区。

　　4)穿越河流处。

　　5)公路及铁路穿越处。

　　6)与其他管道交叉处。

　　7)原生牧场、森林采伐区。

　　8)水禽及野生动物栖居地。

　　9)湿地与沼泽地区域。

　　10)交通不便或受限制的地区。

　　11)人口密集区域。

　　其中，对于穿越水体的就地废弃管道或者有可能引发导流现象(废弃管道因腐蚀穿孔，导致外部水流进入管道并沿管道流到其他地方的现象)的管道，为避免管道发生漂管或者破坏原有的生态平衡，应采取额外的处理措施：

　　1)穿越河流、湖泊、溪流的管道宜注水泥浆加固处理，管道横截面积的填充率应大于50%，且管道末端封堵；也可在管道内部介质清洗干净的情况下，对管道打孔进行冲水处理。

　　2)穿越湿地、沼泽地及其他水体的管道应进行封堵处理，避免管道腐蚀穿孔将水流导向其他区域，影响生态平衡，宜进行注浆加固处理。封堵材料应牢固地附着在管体上，具有防水、不渗透、不萎缩、防腐性能。宜采用的材料包括水泥、粉煤灰、黏土以及它们的混合物、聚氨酯泡沫体等。

基于该方法，除了地上管道及设施应拆除以外，下列情形的管道宜拆除废弃：

1）埋深小于1m的管道。

2）管道所处土地纳入地方政府开发利用的区域。

3）管道外防腐层含有石棉、煤焦油磁漆。

4）废弃管道所在路由具有再次为新管道利用的区域。

5）高压直流干扰影响区域。

总而言之，基于一般原则选择废弃方式时，由于就地废弃管道比拆除废弃的工程成本低，因此，当就地弃置的管道对原有环境影响小，也不影响未来土地开发利用时，一般均可采用就地废弃的方式；除此之外的情况，一般采取拆除的废弃方式。一些既可就地废弃也可拆除废弃的管道，宜根据公司的长期发展规划和财力酌情决策。当前，就地弃置仍是主流做法。

5.2 基于比较评价的优选

在一些场合下，基于一般原则的废弃方式选择难以确定哪种方式更为合理与科学。在这种情况下，可以采用基于比较评价的方法进行优选。比较评价是北大西洋和东大西洋海洋环境保护委员会（OSPAR）一项决议——OSPAR Decision 98/3，对海上油气设施不同弃置方式进行优选的规范要求[30]。对于陆上油气管道的废弃方式选择具有借鉴作用。

5.2.1 比较评价主指标

不同废弃方式的优选主要通过安全风险、环境影响、技术可行性、社会影响和成本5个指标的比较实现[31]，具体说明如下。

（1）安全风险

废弃活动中工作人员的安全是评估是否实施特定操作优先考虑的事情。责任方必须将对人员的风险降低到最低合理可行（As Low As Reasonably Practicable，ALARP）水平。ALARP原则指出了"可容忍风险"的架构，包括风险的3个区域。

- 高风险区——不可接受区域（不论与活动相关的收益如何都认为是不可接受的）。
- 中等风险区——可容忍区域（人们准备忍受风险确保收益的区域）。
- 低风险区——明显可接受区域（在这一区域的风险通常认为是不重要的，完全可控）。

安全评价过程的核心部分是识别与废弃工作相关的危险，评估相关的风险和风险水平是否可接受。一种方法是通过定量风险评价技术，数字化评估风险。定量风险评价的数值估计通过潜在生命损失（PLL）表示，该指标估计所有工人的集合风险和个人年度风险（IRPA）。其中，个体年度风险估计暴露在工程活动中的个人在一年中死亡的可能性。

依赖工程活动中的人员数量和执行时间，PLL 和 IRPA 直接相关：

$$PLL = IRPA \times \frac{\text{人员总数量}}{\text{每年的工作时间}}$$

根据风险可接受性，责任方可设定自己的风险可接受和容忍指标。然而，HSE 管理往往定义最大可容忍的个体致命风险为每年 1000 人死亡 1 人，即千分之一，更广泛接受的个体风险一般是百万分之一到十万分之一。

定量风险评价已经在海上平台设施的拆除和处置的风险评估中获得应用，该技术利用相关的历史事故数据，并基于未来相似工作或者活动的统计趋势会重复的假设，确定最近的安全管理实践是否会降低可能的事故率。当事故数据不可获得时，或者数据与废弃活动不相关时，初始事件可通过使用事故树分析方法估计，解释可能的防治和减缓措施。

在决策过程中定量风险评价的信任量级依赖既定假设、建模事件的复杂度、不确定性度。尽管数值能够帮助计算安全风险，但是关于人员生命风险的决策不能单独简化为数字。存在许多不确定相关因素，如工程因素，操作和定性分析必须也考虑在内。

（2）环境影响

环境影响评价是基于认可的技术和标准方法来评估不同操作和任务的环境影响，包括物理要素（物理和气候环境、土壤及土壤生产率、水质与水量、大气排放、噪声环境）、生物要素（鱼类、湿地、植被、野生动植物及其栖息地、濒危物种）。评价的目的是在工程继续实施的决策前，通过全面的考虑，分析潜在的工程影响，确保工程不可能引发显著的负面影响或者促使显著的负面累积影响。评估同样考虑减缓措施的可能性与收益。

（3）技术可行性

收集基础技术数据是评估所有工程活动可行性的第一步。由于缺乏管道废弃的经验，不同废弃活动的技术可行性评估主要基于现存业界经验和可行的设备。通常将定量风险评估技术、工程与操作分析相结合对每一废弃选项进行全面可靠的定量和定性评估，最终通过决策过程选择最优的技术选项。技术可行性与风险不能隔离评估，必须考虑技术应用对人员的安全风险，对环境可能的影响和成本因素。

技术可行性与风险评估通过详细检查单一任务和总体过程来完成，包括一些关键的问题：设备的可获取性、操作的复杂度、与操作相关的业界实践水平，发生重大故障的可能性、发生故障时受牵连的因素等。在评估废弃操作的技术可行性和风险时，有两个问题尤为重要：如果使用有应用记录的现存设备执行一项操作，通常会比开发新设备和过程引发更低的技术风险；操作失败的风险和关联影响是评估技术风险的关键，两者尤为相关，由于操作失败往往需要采取额外行为进行纠正，操作中的失败会致使风险增加。

（4）社会影响

比较评价的社会影响评估的重要方面是分析工程活动对当地职业和资源利用、人员健康、基础结构与服务、当地就业机会和区域发展的影响。其中，对土地利用的影响尤为重要，应在考虑当地农业活动水平、商业发展规划以及对土地使用者安全影响的基础上进行评估，并有针对性地制定减缓措施。

在社会影响评价咨询阶段，尽可能邀请不同的组织和个人参与。参与的目的是突出关注重点，明确优先考虑的因素。

(5)成本

废弃过程的成本与废弃工程的各个方面密切相关。废弃成本应基于专家信息输入、业界通常状况的比较和以前废弃活动的公司数据进行估计。但是，由于缺乏相似废弃工程的直接实践，成本估计是极为不确定的。成本因素不宜单独作为选择某种废弃方式的决定因素，除非不同废弃方式的其他比较因素没有重要差异。成本因素只是为全面性而考虑，作为其他4个因素指标考虑的均衡因素。

5.2.2　比较评价的评分方式

比较评价一般采用对主指标和子指标评分的方式实施最终的比较。如表5-1所示，针对陆上油气管道废弃方式比选时的指标设置情况，各项子指标采用定量或者定性的方式评估后给出分值，并进行加权计算取得相应主指标的分值。

表5-1　陆上管道废弃可采用的比较评价指标与子指标

评估指标	子指标	子指标描述	子指标的评价
安全风险	对陆上作业人员的安全风险	对陆上作业人员的安全风险	定量评估工程人员的潜在生命损失
	对水域作业人员的安全风险	对水域作业人员的安全风险	定量评估工程人员的潜在生命损失
	对第三方的残留安全风险	对第三方人员的组合安全风险	独立的定量评价，给出"严重损害"和"致命"的可能性值
环境影响	操作的影响	管道清洗、注浆、拆解、运输、处理、回收对陆上生态环境的影响	基于环境影响评价结果进行定量评价，影响依据事先定义的风险评估矩阵进行严重程度分类
	能量消耗与 CO_2 排放	总的能量消耗(百万千焦)和 CO_2 排放(t)	定量估计成功完成的操作可能产生的总能量消耗(百万千焦)和 CO_2 排放(t)，包括理论上的能量使用与可回收材料留在原地产生的气体排放。两种测量的分值进行平均来估计总的能量和气体排放分值
技术复杂性	技术可行性	评估每一种选项的技术可行性	基于不同工程和技术研究情况，由专家定性评价
	漂移[①]恢复的难易程度	评估从意外的漂移中恢复完成计划废弃选项的能力	
	已证实技术和设备的应用程度	评估废弃选项需要使用已经证实技术的程度	

评估指标	子指标	子指标描述	子指标的评价
社会影响	对穿越水域的商业影响	作业操作点对当前水域商业的影响	基于环境影响评估过程的信息定性评价对管道穿越水域商业的影响水平
	对便利设施的社会经济影响	对环境中的基础设施或者结构的影响	基于环境影响评估过程的信息定性评价，影响严重程度依据事先定义的风险评估矩阵分类
	对社区的社会经济影响	来自近海和陆上操作及端点风险对健康、幸福、生活水平、社区结构的影响	基于环境影响评估过程的信息定性评价，影响严重程度依据事先定义的风险评估矩阵分类
经济	总的工程成本	预计总的建设成本和净现值	定量评价

注：①漂移指由于设备失效或者工作条件变化的原因导致任何与计划操作背离的现象。

5个主要指标的权重分配方法可采用层次分析方法确定，并经专家讨论验证，确保权重分配与HSE管理规定、公司的未来目标相一致。主指标下各子指标的权重则平均分配。

比较评价的每一子指标的分值与相应的权重相乘，并将这些加权分值相加得到比较评价每一主指标的分值，各主指标分值再加求和得到某一废弃处置方式的分值。不同废弃选项的分值经过验证和讨论，比较确定最终的废弃方式。

陆上油气管道废弃处置，可按以下比例设定权重：

- 安全25%；
- 环境影响20%；
- 技术可行性15%；
- 社会经济影响20%；
- 成本20%。

5.2.3 风险可接受水平

应用比较评价方式决定最佳废弃方式时，5个主要风险分析方面的可接受水平和评价性质可依据工程的复杂度灵活设定。表5－2为BP公司废弃西北哈顿（North West Hutton）平台时比较评价的风险考虑因素与可接受水平情况。

表5－2　风险因素与风险可接受水平

风险因素	评价性质	可接受水平		
		可接受的	临界的	不能接受的
人员安全	主要为定量	低风险的区域，即广泛可接受的区域，处于这一区域的风险通常认为不重要且完全可控，IRPA值在千分之一的阈值内	中等风险的区域，即可容忍区域，IRPA值接近千分之一阈值	高风险区域，即不论收益如何风险都是不可接受的。IRPA值高于千分之一的阈值

续表

风险因素	评价性质	可接受水平		
		可接受的	临界的	不能接受的
环境影响	定量/定性	拟定的操作可能带来收益，不影响环境或者最坏情况下环境影响可忽略	拟定的操作可能带来一些环境干扰，可能是局部的且短期的严重的干扰	拟定的操作可能带来严重的广泛且持久的环境干扰
社会影响	主要为定性	具有可见的正面收益或者没有可识别的负面影响	拟定的操作可能带来少许影响	存在大量不愉快的影响
技术可行性	主要为定性	设备与技术均为已知的，具有可追溯的成功应用记录	设备和技术只有有限的可追溯成功应用记录或者需要开发	设备和技术没有可追溯的记录
经济	定量	成本是重要的方面，但是作为重要的区别因素，只是为全面性而考虑，作为其他4个因素指标考虑的均衡因素		

5.3 案例

5.3.1 工程背景

英国西北哈顿油田于1975年发现，1983年开始正式开采，2003年1月1日正式停产。平台的油气管道由于不再使用且没有潜在商业用途而废弃。其中，包括埋沟铺设的10in口径输气管道PL147和非埋沟铺设的20in口径的输油管道PL148。为评估每类管道可行的废弃方式的优缺点，采取比较评价方法，通过分析管道的当前状态和掩埋程度、执行不同废弃行为对海洋环境的潜在影响和能源消耗、原位废弃管道对海洋其他用户的影响[31]，从而确定最佳废弃方式。

5.3.2 管道废弃的可行技术

海底管道废弃的可行方式可分为两大类，即原位弃置或者拆除运到陆上处置。每一类有多种可选的实现方法，以下对西北哈顿油田管道PL147和PL148的可行废弃选项进行详细介绍。

1. 原位弃置

（1）选择性拆除

当管道部分掩埋部分暴露时采用选择性拆除技术手段。为实现管道的完全掩埋，暴露的管道部分被切割拆除运到岸上回收，而切割管道末端将会被海底自然沉积物掩埋，达到最终整条管道完全掩埋的目的。

（2）砂石覆盖

这种方式用砂石覆盖部分暴露的管道，实现管道的完全覆盖。通常砂石来自陆上的采石场，用铺石船运到海上，在选定区域用落石管进行管道覆盖作业，如图5-1所示。

图5-1　典型的铺石船

（3）管沟掩埋

管沟掩埋技术通过在管道旁边挖沟或者在管道下方挖沟，将管道放入沟中，达到完全掩埋，如图5-2所示。管道掩埋后管沟可以人工用原有的沉积物回填，也可以由洋流的作用自然回填。

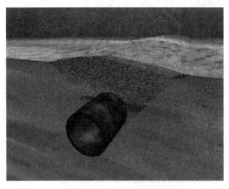

图5-2　管沟掩埋技术

2. 拆除管道的技术

（1）S形起管法和J形起管法

S形起管法和J形起管法技术是在管道与平台或者其他相连的设施分离后拖管到海面上的技术，都要求使用专业的铺管船沿管道路由行进将管道拖出。在S形起管法中，管道在船甲板上沿水平方向切割回收，而在J形起管法中管道垂直处理，切割的管段用起重机吊离甲板，分别如图5-3和图5-4所示。在两种方法中，切割后的12m和24m长的管段，先转移到附近的货船上，再运到岸上回收处理。

图 5-3　S 形起管法

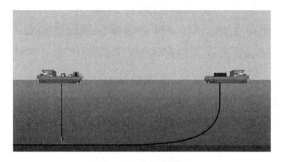

图 5-4　J 形起管法

（2）切割起吊方法

切割起吊技术用遥控（或者潜水员辅助）机具或者"热切割"技术在海床上将管道切割为 12m 或者 24m 的长度，然后将管段提举到甲板，再用起重机起吊到支持船上，如图 5-5 所示。

图 5-5　切割起吊方法

5.3.3　10in 口径输气管道 PL147 的废弃

1. 废弃考虑条目

（1）材料清单

沟埋的 10in 口径输气管道从西北哈顿平台延伸到与尼恩管道的连接处，13km 长，约由 2400t 钢和水泥防腐层构成，管道于 1982 年建设。

（2）掩埋状态

该输气管道铺设在约 0.8m 深的沟中，管道顶部位于管道周围海床表面 0.45m 下的位置。管沟设计为由海床沉积物自然填埋的形式，特定区域的管段通过额外落石掩埋获得保护。随着时间的流逝，管沟基本自然回填掩埋，尽管一些地方仍然保持暴露状态（当管道可以在管沟中看到时即认为是处于暴露状态）。管沟中覆盖管道的土层厚度最厚达到 1m，典型厚度为 0.2m。最新调查显示，多数暴露为顶管暴露。

除了自然回填外，一些管道未坐落到沟底，则采取人工落石填补空隙，这样做主要是出于操作运行安全的考虑，目的是为管道提供支撑，避免发生应力过量现象。

2001 年最近一次检测显示，管线的暴露长度从 1982 年的 100% 降低到 26.6%（3475m）。总计 432 处暴露点中，其中 334 处暴露区域长度小于 10m，6 处暴露区域长度在 30~90m，这 6 处暴露的管段在其他附属设施拆除的过程中将被拆除。

（3）目前状态

管道在服役期间仅用来外输"干"天然气（没有自由水或者液态烃物质），后来输入天然气。随着生产的停止，管道用清管器清理后充满海水放置。另外，管道目前已经与尼恩三通位置断开，但仍然与西北哈顿平台保持连接。

管道暴露位置均匀地分布在管道沿途，其中 26 处暴露长度大于 20m，最大的单处暴露长度为 83.9m，属于建设遗留特征。

（4）暴露深度

发生管道暴露的地方，暴露程度从管顶暴露到全周长暴露，不过多数暴露在管沟内，低于平均海床表面。

2. PL147 输气管道可行废弃选项

（1）选项 1：原位弃置——挖沟掩埋至海床表面下

这种方式中，首先，管道与西北哈顿平台的导管架断开连接，同时通过潜水员或者使用远程遥控潜水器（ROV）技术确保管道的暴露末端完全被淹没。其次，管道充满海水留在原地，使其进一步自然掩埋。再次，整个管道路由用 ROV 考察，将沿途遗留的杂物拆除。进一步用拖拉海底打捞工具的拖船对管道路径进行清扫，确保没有碎屑存在，避免对其他海洋用户造成障碍。最后，管道掩埋的状态会定期进行监测。

（2）选项 2：管道拆除岸上处置

研究表明，尽管许多拆除技术可行，但是针对本工程情况推荐采用切割起吊方法。在回收作业过程中，这种方法可以减少水泥防腐层从管道脱离落入海床上的风险。

与前述过程一样，管道首先与西北哈顿平台断开，然后来自支援船的潜水员或者遥操作设备循序渐进地切割海床上的管道。由于多数管道处于掩埋状态，有必要采用海下开挖或者挖泥技术暴露管道。切割后的管段通过支援船的起重装置吊到货船上，再由货船运到岸上。整条管线拆除后，对管道路由沿途检查，去除重大的杂物。最后用海底打捞工具对管道路由清扫，确保没有残留碎片，避免对海洋其他用户造成风险。

3. 输气管线的废弃选项评估

(1)技术可行性

针对这条 10in 口径的输气管线，无论哪种废弃选项，均未识别到重要的技术问题。将管线留在原地的方式涉及的工作量比拆除管线少，因此引发的技术风险小。最大的技术风险与管线去覆盖和起吊到海面上的作业相关。

(2)人员安全

整个管道废弃过程中会采用遥操作技术，仅在特定的环节采用潜水员。整体安全评估显示，与原位弃置和拆除废弃相关的安全风险在可接受范围内，因为所有的操作，除了非常规的，均有记录可查。表 5-3 为 10in 口径输气管道 PL147 不同废弃选项相关的安全风险。

表 5-3　10in 口径输气管道 PL147 不同废弃选项相关的安全风险

废弃选项	PLL 致命风险
无缓解工作的原位弃置	0.2%
采取管沟掩埋缓解措施的原位弃置	0.2%
采用切割起吊技术的完全拆除	1.9%

整体而言，拆除的安全风险远比原位弃置的安全风险高。这是由于拆除涉及大量工程活动，特别是与切割、吊装操作相关的安全风险。

(3)环境影响

整体而言，与管道废弃活动相关的总体潜在环境影响小。

1)短期影响。

对于"原位掩埋弃置"的方式，当管道末端与平台断开时会对海床有少许扰动；而"切割起吊"方式，由于管道回收前覆盖层必须被去除，因而沿管道路径的海床沉积物完全被干扰。海床沉积物可以用水枪、喷射推进挖掘机或者机械挖掘机去除。在靠近导管架部分，钻屑有可能被扰动，从而将少量油和污染的钻屑释放到海水中。船只使用燃料会产生温室气体。循环利用钢材需要去除管道上的水泥防腐层，在起吊、切割和处置的工作中会导致潜在的危险和环境影响。尽管回收利用管道钢材有助于促进资源保护，但是管道防腐层有可能需要填埋处理。

2)长期影响。

该 10in 口径管道的所有可行废弃选择均不会给海床表面造成障碍。

在"原位掩埋弃置"方式中，钢管会慢慢腐蚀而塌陷，最终会让金属腐蚀残迹和破裂的水泥完全掩埋在海床沉积物中。由于管道内部已经进行了清理，因此不会有烃类物质泄漏到海水中。研究表明，阳极会在 35~40 年后停止提供阴极保护。由于管道是掩埋的，不会有阳极物质进入海洋环境。尽管时间尺度无法精确预测，但管道可能会维持更长的时间，总体而言，不存在阳极物质的影响。在定期检测和实施缓解措施期间会使用燃料，从而释放温室气体，但是长久来看，其数量可忽略不计。

如果采用拆除的废弃方式，那么在回收过程中一些水泥防腐层会脱落。尽管海底打捞清扫会移除一些大的碎片，部分还是会留在海床上或者海床里。除此之外，尚无识别到其他长期环境影响因素。

岸上的影响仅限于回收利用(去除水泥，回收利用钢材)、运输过程中产生的噪声和一些不能回收利用材料的填埋方面。

(4)对海洋其他用户的社会影响

管道目前被放入沟中大部分被掩埋，管道配备了"Fishsafe"系统用来警示渔船潜在的障碍风险，按照要求系统会显示海床上长度超过10m高度大于0.8m的悬跨危险。当前管道上没有可识别为危险的悬跨，未来也不会有。PL147坐落的海床是平台且稳定的，在目前的掩埋状态下，不可能发生拖网承板与管线相互作用的事件，拖船清扫将会证实这一点。历史上也没有任何重大事故或者打捞装置与管道相互作用导致破坏的事件。

管道会定期进行调查，调查的首次执行会在废弃工作完成后的1年内实施，从而获得基础调查数据，确认管道对其他海洋用户不存在障碍。第二次调查会在初始调查完成后的3~5年内实施，未来的调查则会依据最初两次调查的情况，联合英国贸易与工业部确定。

如果管道全部拆除废弃，那么对渔业人员存在的潜在少量安全风险会被消除。

(5)成本分析

为实现该10in口径输气管道的原位弃置，进行介质冲刷、清洗、断开连接和拆除识别到设备的预计成本为£3m(±£0.3m)，即300万英镑。

剩余的挖沟或者掩埋工作预计会增加成本£2m(±£0.2m)。

拆除和在岸上处置PL147的预计成本为£10m(±£0.5m)，这一成本是基于去除管道覆盖层和拆除管道到岸上处置与回收利用的操作成本计算的。

对于原位弃置和挖沟掩埋的方式，还包括与长期场地监测相关的£0.25m的估计成本。

4. 10in口径输气管道建议的废弃方式

该10in口径输气管道的废弃方式基于技术可行性、安全风险、社会影响、环境影响和成本因素进行评估。不存在重大的技术或者安全风险限制任一废弃方式的选择，但是与拆除管线相关的风险是重大的。不论哪种选项均没有重大的环境关注问题。

评估关注的中心问题集中在当前管线和未来管线退化的可能潜在影响，以及对渔业活动的潜在风险。然而，由于管线是掩埋的，这样的风险是可以忽略的或者不存在的。

英国贸易与工业部废弃指导指出埋地管道埋深是否恰当的决定会考虑海床的状态和其他相关因素，期望的埋深至少超出管道顶端0.6m。综上所述，PL147被埋入海床表面0.45m下，这样平均覆盖深度为0.2m。但是，考虑到以下原因，这样的埋深认为是可以接受的：

1)英国大陆架0.6m埋深的指导是基于不同海床稳态条件而设定的。一般而言，北海北部的深水区海床(通常，这里接近底部的洋流速度慢)稳定性比其他区域高。

2)大量针对西北哈顿油田管道的常规和特殊调查确认海床是稳定的。

3)对管线重挖沟用砂石回填获得0.15m的额外埋深，虽然满足0.6m的指导值，但是将会对海床造成不均衡的干扰。

最终结论和建议是现有埋深足以确保 PL147 未来保持稳定。

针对 10in 口径 PL147 管道的建议废弃方式是不采取额外缓解工作的原位弃置。

5.3.4 20in 口径输油管线 PL148 的废弃

1. 废弃考虑条目

(1)材料清单

该 20in 口径水泥防腐层钢制原油外输管线从西北哈顿平台到阿尔法鱼鹰(Cormorant Alpha)平台的距离为 13km，由将近 5200t 钢和水泥构成。

(2)掩埋状态

该 20in 的输油管道坐落在海床表面，未进行管沟掩埋。2001 年调查发现，管道暴露率达到 99.8%，存在 4 个长度大于 10m 的悬跨。所有识别到的悬跨高度小于 0.4m，处于"Fishsafe"系统设定的 0.8m 高度之内。高度大于海床 0.8m 的悬跨会作为商业渔业活动的潜在障碍和卡阻危害而显示在"Fishsafe"系统上。管道穿越其他 3 条管道和控制管线。

(3)目前状态

在输油生产停止后，管道用清管器排空管内介质，并用加入抗微生物剂的去氧海水冲洗。清管和冲洗一直持续到在阿尔法鱼鹰平台接收到的水中油浓度满足环保要求。确定管线足够清洁的最大油含量设定为 40×10^{-6}，最终达到的最低水平为 30×10^{-6}。最后，管道用含缓蚀剂水填充，在管道与阿尔法鱼鹰断开前保护下游的设备。

2. PL148 输油管线的可行废弃选项

(1)选项 1：留在海床上原位弃置

最直接的废弃方案是将管道留在海床上，这会涉及将管道与平台设施断开，并确保管道末端掩埋从而减少卡阻危险。当所有散落杂物和碎片移除后，管道将留在原地。为确保管线不会引发卡阻危害，采用拖船对海底实施打捞清扫。定期进行调查确保没有悬跨管道或者其他问题发生。

(2)选项 2：管沟掩埋

本选项中，管道同样如上所述与平台设施断开。管沟掩埋作业会通过使用支援船和特殊开发的工具完成。工具首先放置在管道周围，沿管线拖拽形成管沟，将管道下沉入沟中。然后，再拖拽该工具将从管沟挖出的材料覆盖到管道上。管道埋深按照英国贸易与工业部指导要求达到海床下 0.6m。

在 3 条管道交叉的地方采取额外的预防措施，在这些交叉的地方采用切割起吊技术将不能埋沟的管段拆除，暴露出来的管道末端进行挖沟掩埋。在完成管沟掩埋操作后，整个管道路径会用 ROV 调查，任何遗留的杂物将会被移除。最后，用拖船采用海底打捞工具对管道路线进行清扫，确保所有大的残留物被移除。

(3)选项 3：管道拆除岸上处置

研究表明，尽管有多种拆除技术可行，但是针对本工程情况推荐切割起吊方法。该方法会在回收操作期间减少大量水泥防腐层从管道分离掉入海床的可能性。

与前述过程一样，20in 口径的管道首先与平台设施断开连接，然后来自支援船的潜水员或者遥操作设备循序渐进地切割海床上的管道。切割后最长达到24m 的管段通过支援船的起重装置吊到货船上，再运到岸上。整条管线拆除后，对管道路由沿途检查，去除大的遗落物。最后用海底拖拉工具对管道路由清扫，确保没有大的残留碎片遗留在现场。与管沟掩埋方式一样，管道交叉的地方必须作为本过程的一部分仔细管理。

所有回收的材料将会运到岸上进行重新使用、循环利用或者处置。

3. 20in 口径输油管线废弃选项评估

（1）技术可行性

20in 口径的输油管线，不论哪种废弃选项，均未识别到重要的技术问题。

将管线留在原地的方式涉及的工作量比拆除管线少，因此引发的技术风险小。最高的技术风险与起吊管道同时尽可能少遗落材料（特别是管道防腐层）到海床上的作业相关。一些风险与管沟掩埋废弃选项相关，因为作业过程会遇到不可预见的海床条件（如大卵石的存在）或者其他可能导致操作问题的因素。不过，最终认为是不可能发生这类事件的，因为这一区域的其他管道已经成功进行管沟掩埋。

（2）人员安全

整个管道废弃过程中会应用遥操作技术，仅在特定的环节采用潜水员。整体安全评估表明，与原位弃置和拆除废弃相关的安全风险在可接受范围内，因为所有的操作，除了非常规的，均有记录可查。表 5-4 所示为 20in 口径输油管道 PL148 不同废弃选项相关的安全风险。

表 5-4　20in 口径输油管道 PL148 不同废弃选项相关的安全风险

废弃选项	PLL 致命风险
无缓解工作的原位弃置	0.21%
采取管沟掩埋缓解措施的原位弃置	0.28%
采用切割起吊技术的完全拆除	2.1%

整体而言，拆除的安全风险远比原位弃置的安全风险高。这是由于拆除涉及大量工程活动，特别是与切割、吊装操作和岸上拆解相关的危险。

（3）环境影响

整体而言，与管道废弃活动相关的总体潜在环境影响是低的。

1）短期影响。

对于"原位弃置"方式，除了管道物理上坐落在海床上外，没有其他识别到的环境影响，该管线在其位置已经20 多年了。

而"切割起吊"方式，沿管道路径的海床上的沉积物会被干扰，但这种短期干扰的影响比管沟掩埋方式低。在靠近导管架的部分，含油钻屑有可能被扰动，从而将少量油和污染的钻屑释放到海水中。船只使用燃料会产生温室气体，循环利用钢材需要去除管道上的水泥防腐层，在起吊、切割和处置的工作中这会导致潜在的危险和环境影响。尽管回收利用管道钢材有助于促进资源保护，具有正面的环境影响，通过循环利用节省的能量至少部分可以抵消管线回收消耗的燃料能量。

2）长期影响。

"原位弃置"方式中，钢材会慢慢腐蚀而破裂。不过，腐蚀产物来自钢材不会对环境造成严重影响。水泥防腐层最有可能破裂，也可能被拖网作业活动扩散到管道位置之外的地方。研究表明，阳极会在35~40年后停止提供阴极保护。由于腐蚀过程缓慢发展和退化的持续，管道在海床上可能存在300年或者更长时间。

在"管沟掩埋弃置"方式中，钢管会慢慢腐蚀而塌陷，然而管沟会确保钢材和水泥完全掩埋在海床沉积物中，缓慢发生分解。

针对上述两种方式，在定期的检测和实施缓解行为期间，燃料会被使用，从而释放温室气体。

在拆除的废弃方式中，海床上不会留下潜在障碍的因素。但是，在回收过程中一些水泥防腐层会分离，尽管清扫会移除一些大的碎片，但是部分还是会被留在海床上或者海床里。除此之外，尚未识别到其他长期环境影响因素。

岸上环境影响除了回收利用（去除水泥，回收利用钢材）和运输过程中产生的噪声外，其余的影响均很小。尽管水泥防腐层可能会被填埋处理，但是大部分材料会被回收利用。

（4）对海洋其他用户的社会影响

如果管道完全掩埋到海床表面0.6m下的深度，那么其对渔业人员的安全风险可以排除。PL148坐落的海床是平台且稳定的，不可能发生拖网承板与管线相互作用的事件，使用拖网渔船清扫将会证实这一点。历史上也没有任何重大事故或者打捞装置与管道相互作用导致破坏的事件。

如果管道全部拆除废弃，那么对海洋的其他用户不会存在安全风险，管道所处的极小海床区域会再次用于捕鱼作业。

如果管道留在原地，钢材会逐渐腐蚀，水泥防腐层最终会破裂。在这种情况下，实施定期调查监测管线的状态，并开展缓解工作确保管道处于安全状态。对于商业渔业活动而言，这种废弃方式存在卡阻的风险。管道退化产生的碎屑也有可能扩散到其他地方。

（5）成本分析

将PL148管线原位弃置的废弃方式，进行介质置换、清洗、断开连接的预计成本为£2m(±£0.2m)，即200万英镑。

管沟掩埋管道会增加成本£1m(±£0.1m)。

回收和在岸上处置PL148增加的成本为£7m(±£3.5m)，这一成本构成中新技术的采用，与海床和土壤状态相关的气候条件和技术挑战是主要贡献因素。

对于原位弃置和管沟掩埋的方式，还包括场地长期监测相关的将近£0.25m的估计成本。

4.20in口径输油管线建议的废弃方式

该20in口径输油管线的废弃方式基于技术可行性、安全风险、社会影响、环境影响和成本因素进行了评估。技术可行性不制约任何废弃方式的选择，但是与拆除管线相关的增加风险是一个重要因素，不论哪种选项均没有重大的环境关注问题。

评估关注的中心问题集中在当前管线和未来管线退化的可能潜在影响，以及对渔业活动的潜在安全风险。管线已经存在且在导航图上清晰标注达 20 余年，尽管不建议在管道附近开展捕鱼活动，但是非禁区和运营维护完好的管线(如那些在西北哈顿平台的)对渔业活动不构成障碍的情况。

采用管沟掩埋或者拆除的方式容易实现管道未来不对渔业人员构成危害，其中管沟掩埋总体上的风险小，能够提供长久的解决方案。

在 3 条管道交叉的地方，有必要采取额外的预防措施。在这些交叉的地方采用切割起吊技术将不能埋沟的管段拆除，暴露出来的管道末端进行管沟掩埋。

管道合理埋深的决定会考虑海床的状态和其他相关因素，这条 20in 口径输油管线 PL148 的建议处置方式是管沟掩埋到海床下 0.6m 的深度。

5.3.5　两条管线的综合规划

1. 基本原则

西北哈顿平台的业主将会为 PL147 和 PL148 管线选择恰当的废弃方式，实施优化的船只调动，以便所有的操作能够在对海洋其他用户产生最小干扰的情况下有效和安全地完成。

2. PL147 和 PL148 废弃规划的总结

10in 口径输气管线 PL147 和 20in 口径输油管线 PL148 可行废弃选项的相对影响对比总结如表 5-5 所示。

表 5-5　PL147 和 PL148 管线相对影响对比总结

指标		单位	管线	原位弃置	管沟掩埋	拆除
安全	可能生命损失	PLL	输气（PL147）	0.20%	0.20%	1.9%
			输油（PL148）	0.21%	0.28%	2.1%
环境（数字针对两条油气管线）	等效为 CO_2 的温室气体排放[①]	家庭		1300	1700	2200
	总能量消耗[②]	家庭		1400	1900	2400
	足迹	km^2		忽略	0	0
	对填埋场地的影响	t		忽略	忽略	4000
	持久性	年		300	300	0

续表

指标		单位	管线	原位弃置	管沟掩埋	拆除
社会	对渔业人员的影响		输气(PL147)	无影响	无影响	无影响
			输油(PL148)	卡阻风险	无影响	无影响
	就业影响	人年		61	69	180
	对社会税收的影响	百万英镑	输气(PL147)	1.2	2	5.2
			输油(PL148)	0.8	1.2	3.6
技术				可行	可行	可行
经济	成本	百万英镑	输气(PL147)	3	5	13
			输油(PL148)	2	3	9

注：①温室气体用等效 CO_2 排放量表示，2001 年每个英国家庭的平均等效 CO_2 排放量为 6t。
②能量消耗依据英国家庭的平均能量消耗表示，2001 年为 80GJ。

20in 口径输油管线直接坐落在海床上，定期调查表明不存在严重的稳定性问题。管道暴露的状态和程度保持恒定，因此可认为，在没有干扰的情况下，管道会长期在海床上保持暴露状态，直到完全退化。

10in 的输气管道埋深铺设，自然回填的埋深将近 0.8m，这可以保护管道免受水力载荷和拖船作用的影响。由于管道悬跨的原因，1989 年 8.5km 的管线进行了落石掩埋，还有 1.7km 管道通过自然回填的方式覆盖，现在仅有约 3.4km 管道处于暴露状态，即目视可见。

海底隔离阀、缆线和与管道相连的一段柔性管道将会被分别拆除，这些工作的成本已经包含在管道废弃的成本中。

所有的废弃选项在技术上是可行的，成本不是主要的区分因素。然而，拆除方式涉及更多的工作和风险，这可以从有关成本反映出来。同时，拆除方式导致的人员安全风险比其他两种方式高 8~10 倍。

每种方式均没有重大环保问题，尽管工作范围越大，使用的能源和 CO_2 排放会越多。对于输油管道原位弃置的方式，海床上长久存在材料具有一定影响，但是如果管线被淹没，就可以缓解影响。对于这两条管线，预计它们均可以维持 300 年。管线的总重量将近 7600t，其中 3600t 钢材会回收利用，其他 4000t 水泥可能会影响填埋场地。

输气管线对于渔业活动不存在可预见的安全风险，因为管线埋沟且 73% 的长度得到有效覆盖。如果海床上的输油管道原位弃置，那么就存在卡阻风险，随着管道的退化，这种风险可能增加。如果管道挖沟掩埋，那么这种风险实际上就排除了。

管道废弃工程规划目标是在规划实现短期风险、对海洋其他用户的残余风险和潜在环境影响之间获得平衡。采用已经证实的技术挖沟掩埋 20in 口径的输油管线，以及确保 10in 口径输气管线的掩埋状态，有效地排除了对海洋其他用户的潜在风险，就提供了这样的平衡。同时，监测计划的实施将会确保维持这种长期状态。

3. 对留在海床上材料的监测计划

西北哈顿平台的业主确保管道所在场地不存在障碍物，这将涉及确保管道处于安全掩埋状态的监测计划，检测的方法将会采用调查时期最合适可行的技术。目前而言，最合适的技术是采用 ROV 的视觉检测或者 ROV 携带使用声脉冲感应方法的海底轮廓成像仪。

第一次调查会在废弃工作完成后的 1 年内实施，从而获得基础调查数据，确认管道对其他海洋用户不存在障碍。第二次调查会在初始调查完成后 3~5 年内实施，未来的调查则会依据最初两次调查的情况，联合英国贸易与工业部确定。

第6章 残留物清理技术

导 读

原位废弃是当今国际范围内油气管道主要采用的废弃方式，但是原位废弃不等于弃置不理，而是需要采取一定的技术措施。为防止长期留置于地下的管道因腐蚀穿孔导致内部污染物泄漏而影响环境，对废弃管道进行残留物清理极为必要，该措施是确保废弃管道环保的关键。那么，管道如何进行残留物清理？有哪些可行的方法？不同输送介质的管道残留物清理有何不同？实际的清洗效果如何？本章内容介绍了管道残留物清理技术，特别是针对废弃管道的清洗技术，从中可以找到上述问题的答案。

6.1 残留物清理的必要性

油气管道整个生命周期内，不同阶段均需要对管内的残留物进行清理，甚至高洁净度的清洗作业。对于新建管道来说，施工作业遗留物较多，包括焊渣、砂石、土等，如果这些杂质不清除，会影响油品和天然气的输送，甚至造成管道设备的堵塞和损坏；对于已投产的油气管道，管道长期运行后会形成污垢(结蜡、沉积水、杂质等)，这些污垢不但会大大增加流体输送过程中的阻力，影响流体输送效率，而且还会对管道材料造成腐蚀和伤害，严重时会使管道破裂，造成运输流体外泄，对正常的生产和生活造成不良影响；对于报废的油气管道，管内残留介质和杂质的存在，一方面会给管道的安全拆除带来巨大风险，另一方面给就地弃置的管道埋下重大安全隐患。因为随着管道的最终腐蚀破裂，管内残留物会泄漏到周围环境中，造成环境污染。这些状况是管道业主不希望发生的，因此需要对管道内的残留物进行清理。

6.2 管道清洗技术简介

管道清洗技术主要分为三大类：物理清洗法、化学清洗法、物理和化学结合清洗法[32]。

6.2.1 物理清洗法

管道物理清洗技术原理就是借助物理力作用于管道内壁上，使污垢脱离管壁，达到内部残留物清理的目的。目前，常用的管道物理清洗法主要有高压水射流法、清管器法、喷砂法、爆炸法、蒸汽法。

(1)高压水射流法

高压水射流法利用增压设备喷射出来的高压水流的冲击力实现对管壁上的结垢、金属氧化物和其他附着物的清除。高压水射流清洗作业易操作、效率高，不但可以对管线进行清洗，还可以用于工业设备(如换热器、锅炉、塔、储罐等)的清洗；对管道设备无腐蚀，不污染环境，产生的污水易于处理。不足之处是设备投资大，复杂结构的管线需解体清洗，长距离管线需分段清洗。

(2)清管器法

清管器清洗技术的基本原理是：清管器在外力作用下在管道中向前移动，依靠自身部件刮擦管壁，将附着在管道内的污垢刮下并推出管外。给清管器提供动力的可以是管道内流体自身的压力，也可以是额外提供的水压或气压。一般来说，清管器的外径通常比管道内径要大3% ~5%，能与管道紧密结合[33]。

清管器根据使用目的可分为4种：排水/清扫、分批/隔离不同产品、管道测量/检测、管道维护。具有排水/清扫和分批/隔离不同产品作用的清管器又称实用型清管器；检测和维护清管器又称智能清管器，结构复杂，可用于管道的整个生命周期，并且在不同时期发挥不同的作用。清扫型清管器根据工作原理分为机械刮削、射流清洗、凝胶清洗等类型；隔离型清管器根据材质分为聚氨酯、氯丁橡胶、凝胶等类型；检测型清管器根据功能分为几何形状检测、地理信息检测、金属缺失检测、泄漏检测等类型；维护型清管器根据功能分为涂敷、堵漏两类[34]。

(3)喷砂法

采用压缩空气或者水为动力，以形成高速喷射束将喷料(铜矿砂、石英砂、金刚砂、铁砂、海南砂)高速喷射到需要处理的工件表面，使工件表面得到清洁。喷砂法可分为干喷砂和湿喷砂，为抑制粉尘的发生，干喷砂需配备集尘装置，湿喷砂需要在水中添加缓蚀剂以防锈。

喷砂清洗对短小口径的管子具有较高的清洗效率，对于大口径管道由于进行磨料冲刷需要大量的压缩空气，在现场施工不现实，对长距离管路由于压力损失太大，也不适宜施工。

(4)爆炸法

爆炸法是根据污垢的性质和厚度，在排垢管道内布线状装药(冲击载荷源)，并充水作为传压介质。由于水是不可压缩的，当线状装药在管道内沿传播方向爆炸时，产生瞬间的冲击波经过传压介质均匀作用于污垢和管壁上，污垢承受不住冲击波作用，变得疏松和细碎，管壁受冲击发生弹性变形，污垢与管壁发生分离。虽然冲击载荷本身不能将粉碎的污垢排出管外，但辅以别的物理及化学方法可以清除。在我国，爆炸法已在水煤气管道清理等方面得到应用。

(5)蒸汽法

通过高温高压作用下的饱和蒸汽，对管道内表面的结蜡、油垢进行溶解，使其黏度降低，增强流动性，同时过饱和蒸汽可有效切入细小的孔洞和裂缝，将结蜡、油垢从管壁剥离。对于长输管道，蒸汽清洗需配合清管器开展，适用于较短距离输油管道的清洗，清洗管道的长度一般控制在1km左右。该方法施工工艺简单，安全环保性高，清洗出的废液为油水混合物，可在有条件的输油站库、炼化企业回收处置，废液处置难度小。

6.2.2 化学清洗法

管道化学清洗是向管道内加入含有化学试剂的清洗液，与污垢进行化学反应，然后用水或蒸汽吹洗干净的过程。而具体实施的方法有：循环清洗、回抽清洗、浸泡清洗、对流清洗、开路清洗、喷淋清洗等。

目前化学清洗普遍采用的清洗液有两类：一类为水溶性清洗液；另一类为油溶性清洗液。其中，水溶性清洗液还可分为碱性清洗液和酸性清洗液两种。

水溶性碱性清洗液依靠活性剂和助剂的渗透、浸润，卷离及乳化、分散作用除垢，具有清洗时间短、效果好、成本低、操作方便且清洗液对金属表面无腐蚀等优点，在石油化工管道清洗中很受欢迎，用来清洗凝胶垢、胶质垢和蜡垢等，但清洗温度低于油蜡等污垢的熔点以下时效果较差。水溶性酸性清洗液主要用于以碳酸盐为主的碳酸钙、碳酸镁等无机盐的清洗。酸性清洗剂的配方主要成分是酸、缓蚀剂和表面活性剂等。配方的选择主要取决于污垢的成分、性质及管道的材质和运行时工艺介质等因素。

油溶性(乳液性)清洗液是以石油副产品为基液加入化学药剂的清洗液，具有内相溶剂向油污的扩散、溶解和表面活性的协同作用。应用前可通过试验和分析确定污垢主要成分，有针对性地选择清洗液。对于混合垢的清洗，可从配制清洗液上解决，根据具体情况适当添加试剂。

管道化学清洗多用于一般金属管道、不锈钢管道和管道脱脂，通常并不用来清洗长距离运输管道。

6.2.3 物理和化学结合清洗法

物理清洗与化学清洗这两类方法，对管线及相关设备清洗来说各有千秋，然而单独使用哪一种方法都不具备把两者结合起来使用时所具有的优势。单纯用化学试剂浸泡清洗，会降低管道寿命，且清洗剂用量大，清洗成本高。而单纯用清管器物理清理残留物，很多时候难以清除干净，特别是对于内部结蜡严重的原油管道。对于长输管道而言，将物理清管器与化学剂相结合的组合清洗方法，可获得最佳的残留物清理效果。

目前为止，国内外均有组合清洗的成功案例。

1)克乌输油复线油改气工程。该工程是国内第一条油改气工程案例，管线全长296km，管径φ529mm，油改气工程于1998年完成，其中管道清洗采用化学清洗和机械清管相结合的方法，化学剂为高效油溶性清洗液。通过清洗，最终使管道内壁见钢材本色，管道内可燃气体浓度低于爆炸下限25%，符合直接动火施工要求[35]。

2)临濮输油管线油改气工程。该工程是国内第二条油改气工程案例，管道全长

242km，管径 φ377mm×7mm，1979 年 7 月投产，运行 20 年后因中原油田原油产量下降，管线于 1999 年 6 月停输，后决定利用该管线为济南输送天然气。最终，使用油溶性清洗剂和 12 个不同规格、不同类型的清管器组成清洗列车，对管线中的含油蜡垢彻底清洗干净，用于天然气输送[36]。

3）曹妃甸 1-6 油田设施弃置项目。该项目是国内首例按照国内外相关法律法规及安全环保要求实施的海上废弃平台拆除项目，其中海底管道的清洗方案选用"海水+普通泡沫球+化学药剂"的方法，清洗后于 2011 年 10 月 30 日拆除导管架和海管[37]。

4）2008 年渤西油气田登陆管道不停产改线项目中，总长 12.6km 的废弃油气管道的置换与清洗采用一种化学剂与多种清管器相结合的组合清洗方法，废弃管道置换清洗后进行取样分析，检测结果表明废弃油管线内废液含油浓度为 35mg/L[38]。

5）拉脱维亚一条直径 700mm 原油管道的封存业务。2010 年捷克共和国 CEPS a. s. 管道服务公司承接了该封存业务，整个工程开始实施时，CEPS a. s. 公司首先通过带压封堵技术将管道分为 6 个区段，每一段安装临时收发球筒，发射清管器排干管内原油。其次为避免闲置管道穿孔造成水体和土壤污染，进一步对管道污染物进行组合清洗（清管列车与水基清洗剂相结合），最终清洗后水样的检测表明挥发性有机化合物浓度为 1mg/L，远低于当地标准要求的 30mg/L（约 30×10⁻⁶）。清洗完成后，为了在管内表面形成耐腐蚀环境，对管道进行了化学钝化处理，最后充入氮气封存[39]。

总而言之，在管内介质采用常规清管方法难以达到环保要求的情况，采用化学剂辅助的组合清洗方法是必要且切实可行的手段。

6.3 废弃管道的残留物清洗

6.3.1 概述

所有管道，不论是输油、输气、输化学品还是输水，在排出大量介质后，仍然含有残留物。残留物从简单的液体或者气体到沉积物、蜡、硬质垢，有时残留物以多层的形态存在。例如，管壁上的硬垢可能被硬质蜡覆盖，而硬质蜡进一步被软质蜡或者沉积物覆盖。

废弃管道的残留物清理不同于在役管道的清管作业，为了消除就地弃置管道的安全和环保风险，需要将管道内部残留物清理干净，因而对残留物的量级和类型要求严于在役管道的清管或者扫线作业，组合清洗技术是最为适用的手段。不过，废弃管道的组合清洗工艺不同于在役管道油改气、封存工程的组合清洗作业，因为废弃管道与管道系统隔离，甚至已经分隔为多个独立的管段，无法利用原有站场的泵、储罐、污水处理系统等设施辅助清洗作业，所以在清洗剂的用量、动力源的选择及收发球筒的设置上与在役管道差异很大，对应的操作工艺自然极为不同。

6.3.2 清洗原则

1996 年，加拿大的管道废弃指导文件给出了废弃管道的清洗指导原则[1]，指出：对于液体管道,在停输前,应该用足够多的刮削清管器移除管内的固体或者积蜡;宜用溶剂类的碳氢化合物,如柴油或者凝析油,放置在两个刮削清管器之间作为有效地减少管内固体或者积蜡的方法。该过程应该重复实施,直到清管器接收筒无法检测到固体。当管道污染物水平高或者清洁度指标要求高时,如果上述常规清洗方法不成功,那么需要采用特殊的清洗方法,即清管器之间加入清洗剂的组合清洗方式。

在具体实施的过程中,管道业主/运营者需考虑以下一般要求:

1)回顾要废弃的管道运行历史,便于制定专门的清洗作业过程。了解油/气成分、管道修改、运行记录、异常记录和维护记录等可促进制定有效清洗计划的资料。

2)确保清洗现场有收发球筒,有时需要使用临时组装的收发球筒。如果管道是一个大系统的一部分,废弃的部分应该物理隔离。

3)在整个清洗过程中,必须建立针对在役介质危险性(碳氢化合物的可燃可爆性、酸性介质的毒性)的安全注意事项。

4)当选择合适的清管器形成列车用于清除管壁上的残留物时,要保持化学剂和冲洗残留物的介质之间有隔离。

5)清管器的最大压力不应超出管道输送最后阶段的运行压力。

6.3.3 洁净度要求

国外一些油气管道标准对废弃管道残留物的清理有原则性规定,但是在清洗洁净度方面尚无统一指标。在实际操作过程中,以达到当地环保或者监管部门要求为宗旨。在没有监管要求的情况下,出于对管道公司长远利益的考虑,应进行管内残留物清洗,达到不再含有任何液体、固体或者结蜡的程度,越洁净越好,避免就地废弃的管道未来因腐蚀破裂导致介质泄漏造成土壤和地下水污染,甚至第三方人为破坏后引发安全事故。对于拆除的管道,清洗干净后可以降低拆除期间土壤和地下水污染的风险,减少与管道拆除相关的危害(如挥发油气对健康的危害),并且便于再利用。

清洗后洁净度评判通常以残余液体的有害物质浓度作为决定性因素,如泰国要求清洗后油和脂的浓度小于 15×10^{-6}[40],拉脱维亚则要求清洗后油的浓度低于 $30mg/L$[41]。此外,根据应用场合的不同,管道洁净度还可通过打开的法兰或者管道开口处,凭借手感和视觉判断是否有可见的残留固体、蜡堆积物,以及管壁表面是否有薄油膜来确定是否达到清洗要求。

6.3.4 动力源

驱动清管器的动力源应安全,当管道完成清理后可以继续保留在管道中。动力源可以由合适的液体、气体、凝胶或者泡沫组合而成来满足不同应用需求。

气体动力源可以是空气或者氮气。为避免形成爆炸混合物的可能性,空气注入通常需要通过段塞处理。如果动力源要留在管道数个月,需要采用含腐蚀抑制剂的段塞。

凝胶、泡沫和气体是可压缩的,如果清管器列车由于清理大量固体或者残留物从而阻塞在管道中，那么清管器的再启动较困难，因此需要详细的清管计划和准备工作，特别是管道的清管历史未知时。如果管道大量存在蜡垢，那么不应采用可压缩的流体动力源。

6.3.5 残留物相关问题分析

管道残留物清理时，与残留物相关的问题主要如下：

- 存在什么类型的残留物？
- 残留物存在于什么部位？
- 每一种残留物的数量如何？
- 残留物是否应清除？或者它们可以现场中和吗？
- 处理这些残留物需要采用什么样的化学剂和清洗工具？
- 采取什么样的方法清理残留物而不会发生卡堵的风险？
- 如何处置残留物和清洗剂？

下面是对上述问题的一般答案，可满足多数情况。

（1）残留物类型

残留物的类型取决于之前管道服务的类型。可能有许多残留物，从液体、半固体到管垢，它们也可能是酸性、中性、毒性或者可燃的。

（2）残留物的位置

残留物的存在部位依赖于管道在其生命期内的运行状况和清管的频率，不过总是会存在于阀体和管道的不规则部位。经验表明，残留积垢总是在系统"热"端，蜡和沉积物总是在"冷"端。

（3）残留物的数量

在管内介质排空后预测管道中残留物的数量很困难。管线输量降低和管线运行生命周期末流速低是存在过多残留物的表征，常规清管维护作业也能反映残留物的情况。

对于原油管道，残留油和蜡的数量 M 可按以下公式估计：

$$M = \pi d \times L \times h \times \rho$$

式中：d 为管道内径；L 为管道长度；h 为油和蜡的厚度；ρ 为油的密度（可取 $0.91\mathrm{g/cm^3}$）。

（4）残留物的清除或者现场中和

清除或者中和残留物的决策必须考虑人员安全、未来管道的使用和环境保护。一般来说，所有管道的残留物都应清除，但是以下情况需要特别考虑：

- 管道不规则部位和阀体的残留物，如果体积量相对于管容极小，可以留在原处。
- 如果硬质残渣的移除与处置涉及大量额外的化学清洗和水冲刷，可以留在原地，但前提是残留污染物能够有效中和。

（5）工具与化学剂

选择合适的清管器形成列车用于清除管壁上的残留物，驱动清管列车到收球筒，但要保持化学剂和冲洗残留物的介质间隔离。

化学剂可以软化或者疏松特定的残留物，从而便于清管器清除。化学剂的类型取决于特定的因素，如轻质的油性膜仅需要甲醇或者类似溶剂的冲刷清洗，而重质蜡和管垢则需要完全软化或者溶解处理。完全化学溶解处理首先需要酸洗，其次用氢氧化钠(苛性钠)溶液中和酸，同时辅助清理碱性溶液自身，再次进行甲醇清洗，其作用是将剩余碳氢化合物溶于水中，最后水洗。必要的情况下，冲刷水应含腐蚀抑制剂和 pH 增强剂(如苏打粉)。在排放清洗混合液前，应该用足够的水稀释残留化学剂到安全的浓度。

如果必要，可实施多次刮削或者酸洗，并且碱洗应紧跟酸洗实施。酸洗批次应最慢地运行，这样能保证最大的接触时间，建议速度不超过 1.5m/s，并且每一批的量足够接触反应 3~5min 的时间。

在引入任何溶剂或者洗涤物到管道系统前，必须确保残余化学剂完全反应，避免使合成反应中的危害恶化。化学剂的用量可按以下公式估计：

$$化学剂用量(Q) = k \times 残留物数量/清洗剂的溶解饱和度$$

式中：k 为余量系数，一般可取 1.1~1.5。

(6)避免残留物清除期间的卡堵

当推动残留物移动的阻力超过施加给清管器的力时，可能会发生清管器卡堵。清管器能够释放的力反过来取决于动力源能够施加的最大压力，但是受管道最高允许工作压力限制。如果管道长期服役期间没有泄漏或者水压测试问题，谨慎起见，应限制最大压力来降低泄漏或者管道破裂的风险。清管器的最大压力不应超出管道输送最后阶段的运行压力。

为减少管道卡堵的风险，应在清洗过程前对残留物取样。

清洗方法应明确：

• 残留物类型。

• 合成阻力因素。

• 管道总容积。

• 最大可施加的力。

• 管线卡阻的概率。

• 残留物的化学特性，以便选择安全的溶剂。

当存在卡阻的可能性时，应仔细选择清管器的类型。例如，清管列车可以这样派发，每一节会增加施加给管壁沉积物的刮削载荷，从而以可控的递进形式清除残留物。

列车头部应使用半刚性的硬质刮削清管器，这种清管器超过给定压力可以缩小体积。之后跟随同样容易缩小直径的软质橡胶清管器。悬浮液或者凝胶包夹在列车中用于拾取硬质蜡、沉积物和管垢。

优先采用大量相对低效的清管器组，每一个清管器去除少量残留物，而不是采用少量高效清管器，因为后者可能会清除过量残留物而导致卡阻。溶剂作用时间和刮削清管器的设计速度之间的优化非常重要，确保尽可能高效地清除残留物。

气体的压缩性可能会导致清管列车运行速度变慢或者加快，如果存在这种可能性，可以采用水作为驱动介质。

(7)残留物和清洗化学剂处置

残留物、化学剂、冲洗水和清洗系统动力介质处置不当会引发严重的问题，不论清洗系统多么高效，只要有一定量污染物的存在将会被视为"不洁净"。

目前为止，最安全和经济的管道残留物(包括化学清洗剂)的处置方式是让其进入仍在运行的接收设施中进行清洗液体的净化与回收。当管道系统在生命周期最后阶段运行时，进行大量残留物的清除和处置是合适的，这时需要设计清管系统，大量运行清管器，每次清除相对少量残留物。如果油品可以持续供给，这将避免提供和处理驱动介质的必要，便于实施大量纯物理清理，只是在最后的冲洗和钝化处理流程中需要处置化学清洗剂。

6.3.6　残留物的清洗方法

废弃管道清管常见做法是将辅助清管器和密封清管器组合使用，其中辅助清管器用来清除固体堆积物，密封清管器用来挤压出残留的液体。一般对于输送液体的管道，在管道停止输送介质前，应在管道内多次运行刮削清管器，以清除管道内的固体块和蜡堆积物。如果使用常规清管方法不成功，并且确定管道内含有高浓度的污染物或者需要达到较高水平的清洁度标准，就需要采取专业的化学清理措施。

1. 管内介质初步清理

对原油管道，在停输前应该运行足够多的刮削清管器移除管内的固体或者积蜡。宜用溶剂类的碳氢化合物，如柴油或者凝析油，放置在两个刮削清管器之间作为有效地减少管内固体或者积蜡的方法，如图6-1所示。该过程应该重复，直到清管器接收筒无法检测到固体。

图6-1　原油管道初步清洗列车

对于成品油管道，宜先用水作为动力源推动皮碗或者泡沫清管器的方式排除管内油品、杂质。

对于输气管道，用氮气或者其他惰性气体推动硬橡胶材料结构的刮削清管器在管道通行，清管器前端的自由液体可以推送到下游管道或者收集到指定污油罐，并依据当地法规要求分离与处置，该过程重复执行直到目视检测无法发现液体。

2. 原油管道残留介质清洗

初始在线清理完成后，在管线排空的同时进行最后的残留物清洗。建议采用以下步骤，但应根据不同情况考虑其他变化因素。

1)采用惰性气体/水推动两个硬橡胶材料构成的清管器以恒定的速度在管道中通行，清管器之间放置具有溶剂特性的液体碳氢化合物，如凝析油或者柴油。如果需要，可加入其他添加剂或者处理化学品。

2）一般而言，清洗液的容积应以维持最小的管壁接触时间原则来计算，根据初始清理过程的有效性差异，接触时间一般为 5 ~ 10min（或者更长）。对于特别长的管线，应增加接触时间，因为溶剂可能会在清洗完成前饱和。

3）对于高含蜡的管线，可以考虑在清管器之前使用专用的清洗剂。图 6 - 2 所示为清管过程的顺序。在管道末端，溶剂和碳氢化合物介质被推送到其他管段或者收集在污油罐进一步处置。

图 6 - 2　原油管道清洗列车

4）在管壁残留液体或者污染物超标的情况下，应重复运行上述清管列车进行清洗。最终，通过获取靠近通过列车末端的溶剂样品，分析其中的碳氢化合物含量，或者通过检测从管线排出溶解的碳氢化合物数量和质量，并与加入前的对比，进行清洗有效性判断。

3. 成品油管道的清洗

初步清理完成后，可进一步通过氮气吹扫的方式降低管内油气浓度，实现残留物的彻底清理。由于成品油管道残留物较易处理，这类管道宜采用水或者氮气作为动力源采用组合清洗的方式一次性实现管内油品和残留物的彻底清理。

4. 天然气管道的清洗

在初始清管器清管后，应检测管道的清洁度。如果污染物显著，应使用在两个清管器之间放置溶剂的方式再次重复清洗。与清理自由液体一样，清洗后的溶剂应收集到污油罐，依据地区法规或者当地法律处置。溶剂的烟气则通过氮气或者类似惰性气体置换。

6.3.7　组合清洗工艺流程

废弃管道的组合清洗是将溶剂性质的液态烃，如凝析油和柴油，或者其他添加物和化学添加剂，放置在两个硬橡胶刮削清管器之间，在惰性气体（如氮气）或者水的推动下，匀速在管道中运行，实现对管壁残留物的清洗。其中化学剂的类型取决于残留物的特性。在移除残渣和使用溶剂进行清管完成后，还应进行测试，确保管道中已经没有污染源残留，否则应重复进行清洗。清洗后的溶剂和液态烃化合物应排放到另一个管段中或者专用收集罐中进行环保处理。

这里给出两种工艺流程：第一种为基本清洗工艺，适用于短距离管道的分段清洗；第二种为增强清洗工艺，适用于长距离管道的清洗。

1. 基本清洗工艺

（1）工艺特点

优点：①不依赖原有管道系统的泵和收发球筒设施，可满足不同情况的废弃管道清洗需要；②临时收发球筒结构简单，便于加工和现场应用；③多个清管器一次性回收，不需要频繁开盲板，操作安全性和效率高；④清洗液和冲洗水能够满管加注，不在管道顶部留空隙，从而保证管道内壁可以全面清洗；⑤清洗工艺的实用性强，对清洗列车的构成没有限制，允许数个单体清管器或者清管器组(多个连续的清管器)与一段清洗液或者多段清洗液形成清洗列车，从而满足不同类型残留物的清洗需求。

缺点：①清管器多的情况下临时收球筒较长，施工需要作业坑面积大；②收发球端的主管道上需要设置开孔。

(2)工艺要求

该工艺方法中注液孔、排泄孔和排液孔设置在主管道上。收发球端的工艺设置如图6-3和图6-4所示。其中，注液孔与发球筒大小头处的距离应大于清洗列车中最大清管器组的长度；排液孔与收球筒大小头处的距离应大于清洗列车中最大清管器组的长度；收球筒应能够容纳所有清管器。

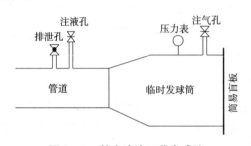

图6-3　基本清洗工艺发球端

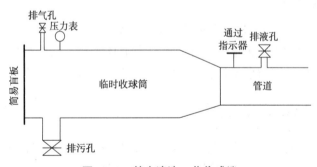

图6-4　基本清洗工艺收球端

该工艺方法中，发球筒可采用快开盲板，进一步提升操作的效率。

(3)清洗工艺流程

1)清洗列车发送工艺流程。

①确保临时收球筒上的排气孔处于打开状态。在管道常压的情况下，打开临时发球筒盲板，将第一组清管器(一组清管器可以由单个或者多个连续的清管器构成)放入临时发球筒，并置于临时发球筒大小头处。

②关闭临时发球筒盲板，关闭发球端管道上的排泄孔和注液孔阀门，打开临时发球筒上的注气孔阀门，通过注气孔注入氮气推动清管器越过排泄孔，并运行一段距离(应小于第一段清洗液的长度)。

③关闭注气孔阀门停止氮气注入，打开发球端管道上的排泄孔阀门将临时发球筒泄压至常压。打开临时发球筒盲板，将下一组清管器放入临时发球筒大小头处，关闭临时发球筒盲板。

④打开发球端管道上的注液孔阀门，加注清洗液至排泄孔排出清洗液，然后关闭排泄孔阀门，继续将本段清洗液剩余部分加注完毕，最后关闭注液孔阀门。

⑤若清洗液有多段且最后一段清洗液尚未加注，则打开注气孔阀门注入氮气推动清管器越过排泄孔，并运行一段距离(应小于下一段清洗液的长度)，重复步骤③~④。

⑥打开注气孔阀门注入氮气推动清管器越过排泄孔，并运行一段距离(应小于第一段冲洗水的长度)。

⑦关闭注气孔阀门停止氮气注入，打开发球端管道上的排泄孔阀门将临时发球筒泄压至常压。打开临时发球筒盲板，将下一组清管器放置到临时发球筒大小头处，关闭临时发球筒盲板，关闭注气孔阀门。

⑧打开发球端管道上的注液孔阀门，加注冲洗水至排泄孔排出水，然后关闭排泄孔阀门，继续将本段冲洗水的剩余部分加注完毕，最后关闭注液孔阀门。

⑨若冲洗水有多段且最后一段尚未加注，则打开注气孔阀门注入氮气推动清管器越过排泄孔，并运行一段距离(应小于下一段冲洗水的长度)，重复步骤⑦~⑧。

⑩打开注气孔阀门注入压缩空气推动清洗列车运行。

2)清洗列车接收工艺流程。

①在清洗列车运行过程中，打开临时收球筒排气孔阀门和排污孔阀门，并做好接收排出管内残留物的准备。当管内残留物开始从排污孔少量排出时关闭排气孔阀门。

②当通过指示器指示第一组清管器完全通过后，关闭排污孔阀门停止排污。

③打开排液孔阀门进行清洗液的接收。

④清洗液接收完毕后，关闭排液孔阀门，打开排污孔阀门继续排污，当通过指示器指示下一组清管器完全通过后，关闭排污孔阀门停止排污。

⑤若接收清洗液非最后一段，则重复步骤③~④。

⑥打开排液孔阀门进行冲洗水收集。

⑦冲洗水接收完毕后，关闭排液孔阀门，打开排污孔阀门继续排污，当通过指示器指示下一组清管器完全通过后，关闭排污孔阀门停止排污。

⑧若接收冲洗水非最后一段，则重复步骤⑥~⑦。

⑨打开排污孔阀门继续排污，直至全部清管器进入临时收球筒。

⑩关闭临时发球筒注气孔阀门停止压缩空气注入，同时打开临时收球筒上的排气孔和发球端管道上的排泄孔阀门，将管道泄压至常压。

⑪打开临时收球筒盲板，回收清管器。

2. 增强清洗工艺

(1)工艺特点

优点：①不依赖原有管道系统的泵和收发球筒设施，可满足不同情况的废弃管道清洗需要；②清管器一组一组回收，允许清管列车由更多组清管器构成，除垢能力强；③主管道不需要开孔；④清洗工艺的实用性强，对清洗列车的构成没有限制，允许数个单体清管器或者清管器组(多个连续的清管器)与一段清洗液或者多段清洗液形成清洗列车，从而满足不同类型残留物的清洗需求。

缺点：①临时收发球筒结构较为复杂；②主管道需要设置阀门，对于大口径管道，施工不便；③操作工艺流程较为复杂。

(2)工艺要求

发球端工艺设置如图6-5所示，收球端工艺设置如图6-6所示。其中，发球端通断阀门到临时发球筒大小头处的距离大于密封清洗液或者冲洗水的最大清管器组的长度，收球筒上的排液孔设置在靠近收球筒大小头处，且收球筒长度至少大于任意一组清管器组的长度。

该工艺方法中，发球筒可采用快开盲板，进一步提升操作的效率。

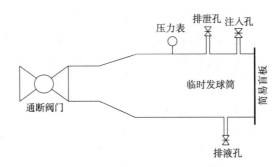

图6-5　增强清洗工艺发球端

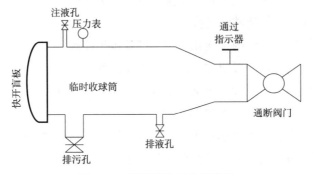

图6-6　增强清洗工艺收球端

(3)清洗工艺流程

1)清洗列车发送工艺流程。

①确保临时收球端通断阀门全开，并打开临时收球筒上的排污孔阀门，关闭临时发球筒和临时收球筒上的排液孔阀门。

②在管道常压的情况下，打开发球筒盲板，将第一组清管器(一组清管器可以由单个或者多个连续的清管器构成)放入临时发球筒，并置于临时发球筒大小头处。

③关闭盲板，打开发球端通断阀门。打开发球筒上的排泄孔和注入孔阀门，通过注入

孔加注清洗液。当排泄孔排出清洗液后，关闭排泄孔阀门，继续加注清洗液推动清管器运行，直至全部清洗液加注完毕。

④关闭注入孔阀门和通断阀门，打开排液孔阀门将临时发球筒中的清洗液排除干净。

⑤关闭排液孔阀门，打开盲板，放入下一组清管器。

⑥如果清洗液有多段且最后一段尚未加注，则重复步骤③～⑤。

⑦关闭盲板，打开发球端通断阀门，打开临时发球筒上的排泄孔和注入孔阀门，通过注入孔加注冲洗水。当排泄孔排出水后，关闭排泄孔阀门，继续加注冲洗水推动清管器运行，直至全部冲洗水加注完毕。

⑧关闭注入孔阀门和通断阀门，打开排液孔阀门将临时发球筒中的水排除干净。

⑨关闭排液孔阀门，打开盲板，放入下一组清管器，并置于临时发球筒大小头处。

⑩若冲洗水有多段且最后一段尚未加注，则重复步骤⑦～⑨。

⑪关闭盲板，打开发球筒上的注入孔阀门和通断阀门，注入压缩空气推动清洗列车运行。

2）清洗列车接收工艺流程。

①清洗列车运行过程中，确保临时收球筒排污孔阀门处于打开状态，收球端通断阀门全开，并做好排出污油的接收准备。

②当通过指示器指示第一组清管器已完全进入临时收球筒，且油污收集完毕，关闭收球端通断阀门及排污孔阀门。

③打开排液孔阀门排液，将临时收球筒泄压至常压，关闭排液孔阀门，打开快开盲板回收清管器。

④关闭快开盲板，通过注液孔向临时收球筒注入水至充满临时收球筒。关闭注液孔阀门，缓慢打开通断阀门直至全开。

⑤打开排液孔阀门排液，直至通过指示器指示下一组清管器已完全进入临时收球筒。

⑥关闭排液孔阀门，关闭通断阀门。

⑦若最后一组清管器未进入临时收球筒，则重复步骤③～⑥。

⑧关闭发球筒注入孔阀门，停止压缩空气注入。打开临时收球筒排污孔阀门和临时发球筒排泄孔阀门，将管道泄压至常压。

⑨打开临时收球筒盲板，回收最后一组清管器。

6.3.8 废弃管道组合清洗案例

组合清洗技术应用于国内废弃管道的残留物清理，经历了先现场试验验证再工程推广的过程，通过现场试验验证为形成适用于废弃管道的组合清洗工艺提供实践支持，进而为大规模工程应用的标准化作业提供技术保障。

在验证阶段，选择东北某永久退役管道作为目标对象。该管道管径720mm，壁厚8mm，建于1974年10月，1975年9月投产正式输送大庆原油，2007年1月改输俄罗斯原油，整条管线已于2014年扫线注氮封存。清洗测试管段长度1000m，管道埋深1.5m左右。清洗前断管取样表明，管壁残留蜡和油的厚度比较大，平均厚度 4~8mm。根据残留物的实际情况，组合清洗列车由 1 个直板清管器、3 个皮碗清管器、1 个泡沫清管器、6m³ 环保型碱性化学清洗剂和 10m³ 冲洗水组成，如图 6-7 所示。其中直板清管器主要用于残留蜡和油的清除，皮碗清管器主要起隔离密封的作用。清洗列车动力源主要为压缩空气，但在注水前推动清管器的动力源为氮气，氮气由氮气瓶提供，部分现场作业情况如图 6-8 和图 6-9 所示。清洗后的管道内壁目视检测及内窥镜检测均达到无油无蜡，清洗前后效果对比如图 6-10 所示，进一步对最后的冲洗水进行油浓度测量，结果表明石油类含量为 79mg/L，清洗效果良好。本次试验测试于 2015 年 10 月历时 1 周完成，工程成果直接为基本组合清洗工艺的形成提供了支持。

←	直板清管器	带钢丝的皮碗清管器	清洗液	泡沫清管器	皮碗清管器	水	皮碗清管器	压缩空气

图 6-7　清洗列车构成

图 6-8　安装后的临时发球筒

图 6-9　临时收球筒端排污收集过程

(a)清洗前　　　　　　　　　　　　　(b)清洗后

图6-10 试验管段清洗前后效果对比

除了上述试验验证外，进一步将形成的组合清洗技术工艺应用于更厚结蜡的退役管道。图6-11所示为某高厚结蜡管道的清洗情况，该管道外径720mm，壁厚8mm，最大结蜡厚度200mm，测试长度1.9km，清洗后管壁无油无蜡。

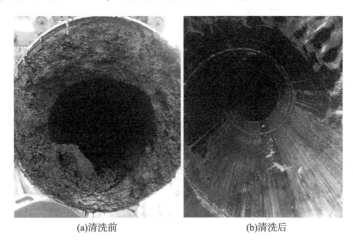

(a)清洗前　　　　　　　　　　　　　(b)清洗后

图6-11 厚结蜡管道组合清洗效果

在工程应用方面，截至2019年，采用组合清洗技术完成鞍大线70km投油段管道无害化处置。

第7章 注浆技术

导 读

　　本章从注浆的必要性、注浆材料选择、合适的浆液配方、注浆工艺方法和工程应用案例等方面，解读废弃管道的注浆填充技术。

7.1 注浆的必要性

　　就地弃置的管道会随着时间推移因腐蚀而最终塌陷，虽然这是一个长期的过程，但是管道的塌陷会造成地面沉降，进而毁坏与其相交的道路、铁路和高速公路等公共设施；对于河流穿越位置，包括溪流、湖泊和湿地等，管道会因水流对河岸的侵蚀、河道的冲刷或者其他相似的侵蚀而暴露在水体中，从而对人类活动产生影响。可见，穿越道路、高速公路、铁路、河流、建筑物等区域的就地弃置管道，应进行特别处理。其中，向管道内部填充环保材料，即管道注浆，是一种可行的方式。

7.2 注浆材料选择

　　由于长输管道距离长口径大，所以长距离注浆材料消耗量大，同时不同区域的管道对注浆材料的要求不一，很多时候由于建筑物占压不便于开挖分段注浆，长距离(2～3km，甚至更长)注浆成为必需的。在这种情况下，选择哪种浆材或者什么样的混合浆材，以及如何确定它们的成分配比，成为首要解决的问题。因此，对注浆材料的比选与性能测试必不可少。

　　通常，管道注浆的材料应易于获取、价格低廉、环保，且经过调配形成的浆液其初凝时间、流动性、凝固后的强度满足长时间、长距离注浆的需要和填充强度要求。

7.2.1 注浆原材料

1. 水泥

　　水泥是目前注浆工程中应用最广泛的浆材。水泥浆具有结石体强度高和抗渗性强的特点，既可用于防渗又可用于加固地基，而且原材料成本较低、无毒性、无环境污染问题，因而被广泛采用。对于管道的注浆而言，水泥仍然是必不可少的材料或者主材。

2. 粉煤灰

粉煤灰是从煤燃烧后的烟气中捕集下来的细灰,它是燃煤电厂排出的主要固体废物,如图 7-1 所示。粉煤灰是我国当前排量较大的工业废渣之一,随着电力工业的发展,燃煤电厂的粉煤灰排放量逐年增加,这给国民经济建设及生态环境造成巨大的压力,因此粉煤灰的综合利用已成为我国经济建设中一项重要的技术经济政策,是解决我国电力生产环境污染、资源缺乏之间矛盾的重要手段。经过开发,粉煤灰在建工、建材、水利等各部门得到广泛应用。

图 7-1 粉煤灰

粉煤灰取材方便,且价格比水泥低,可作为混凝土的掺合料。在混凝土中掺加粉煤灰可节约大量的水泥和细骨料,减少用水量,改善混凝土拌和物的和易性,增强混凝土的可泵性,减少水化热、热能膨胀性,提高混凝土抗渗能力,所以选择粉煤灰作为适用的注浆原材料之一。

3. 粉土

工程界将自然界中粒径大于 0.075mm 的颗粒含量不超过全重的 50%、塑性指数不大于 10 的土定义为粉土。

粉土的构成特点是粒间连接很弱,主要表现为物理连接,它对含水率非常敏感,由于毛细作用,当粉土粒吸收水分,含水率稍有变化时,就会很快使土的强度大大丧失。正是由于粉土的这些性质,其作为泥浆原材料的优势显而易见,主要表现为易于拌和,流动性保持时间长,凝固后的强度和充盈率可观等。同时,粉土在华北及中原地区分布广泛且较易获得,因此也可以作为注浆料的备选原材料。

4. 淤泥质黏土

淤泥质黏土是含砂粒很少、有黏性的土壤,如图 7-2 所示。淤泥在完全失水后的强度较高,且淤泥颗粒在泥浆中具有较好的均匀性,但缺点是拌和较难。由于淤泥在沿海地区分布非常广泛且易于获得,是管道注浆可以考虑的原材料之一。

图7-2 淤泥质黏土

5. 有机材料

可用于注浆充填的有机材料一般有聚氨酯、环氧树脂等，这些材料作为新型材料，目前应用并不广泛。

使用新型有机材料可以有效提高强度，降低固化收缩率，且有机材料浆液均匀稳定，无须拌和，可以大大减少充填准备工作的工作量。但是，由于有机材料（如环氧树脂等）初始黏度较大、造价昂贵，与其他充填原材料混合的可能性几乎不存在；其凝固后的强度远超过管道充填要求，作为固化剂完全可以用水泥替代；并且对于大面积管道充填施工，若充填过程中发生有机材料浆体泄漏，其剧毒性质会对周边环境产生严重影响，造成不可挽回的损失，所以综合比较后，不建议采用有机材料进行管道充填。

6. 膨润土

膨润土是以蒙脱石为主要矿物成分的天然矿物材料，膨润土遇水就膨胀，这种自然现象产生的主要原因是膨润土矿物晶层间距加大，水分子进入矿物的晶层。另外，引起膨润土膨胀的原因还有膨润土矿物的阳离子交换作用。膨润土由于有良好的物理化学性能，可做净化脱色剂、胶黏剂、触变剂、悬浮剂、稳定剂、充填料、催化剂等，广泛用于农业、轻工业及化妆品、药品等领域。

膨润土的少量掺入有利于提高浆液均匀性，但淤泥质黏土的掺入具有同样效果。二者比较，膨润土造价明显高于淤泥，综合考虑经济性和适用性后，不建议采用膨润土进行大规模管道充填。

7.2.2 固化剂

固化剂推荐选择普通硅酸盐水泥充当。水泥和水混合后将成为具有可塑性的半流体，当经过一段时间后，水泥浆逐渐失去可塑性，并保持原来的形状，这种现象称为凝结（分为初凝及终凝）。随后即进入硬化期，水泥强度逐渐增加。

水泥可单独作为充填泥浆的原材料进行管道填充，也可与其他材料按一定配比制作成为混合泥浆。

7.2.3 添加剂

浆液的流动性保持能力，以及胶结凝固后的充盈率和强度指标，对管道长距离注浆至关重要。为增强浆液的流动性，保持浆液整体均匀性，减少浆液凝固后的干缩，提高浆液凝固后的强度，在配制浆液的过程中，需要掺入一定量的添加剂，主要包括缓凝剂、膨胀剂、减水剂等。

1. 缓凝剂

缓凝剂是一种能推迟水泥水化反应，从而延长混凝土的凝结时间，方便浇注，提高施工效率，同时对混凝土后期各项性能不会造成不良影响的外加剂。

缓凝剂种类很多，常用的主要有木质素磺酸盐及其衍生物、低分子量纤维素及其衍生物、羟基羧酸(盐)、有机膦酸(盐)、硼酸(盐)、复合物等。

考虑易获得程度和缓凝作用，推荐选取柠檬酸钠或者葡萄糖酸钠作为缓凝剂。

2. 膨胀剂

目前水泥膨胀剂使用最普遍的种类是 UEA(U – type Expansive Agent for Concrete)，它是以硫酸铝、氧化铝、硫酸铝钾等为主要膨胀源。普通水泥由于收缩开裂，往往会发生渗漏，因而降低其使用功能和耐久性，在普通水泥中加入一定量的 UEA，膨胀性结晶水化物产生的压应力挤压水泥水化物钙矾石等形成微膨胀水泥，使凝固时产生的膨胀力密实膨胀水泥，从而防止或减少水泥收缩开裂，并使水泥致密化。

3. 减水剂

减水剂是一种在维持水泥坍落度不变的条件下，能减少拌和用水量的水泥外加剂。大多属于阴离子表面活性剂，有木质素磺酸盐、萘磺酸盐甲醛缩合物等。

根据减水剂减水及增强能力，分为普通减水剂(又称塑化剂，减水率不小于 8%，以木质素磺酸盐类为代表)、高效减水剂(又称超塑化剂，减水率不小于 14%，包括萘系、密胺系、氨基磺酸盐系、脂肪族系等)和高性能减水剂(减水率不小于 25%，以聚羧酸系减水剂为代表)，并又分别分为早强型、标准型和缓凝型。推荐选取萘系高效减水剂或者聚羧酸高性能减水剂。

7.2.4 注浆材料配比

管道长距离注浆需要浆液流动性好(黏度宜为 0~900mPa·s)，初凝时间长(根据注浆距离确定)。考虑就地废弃的管道，未来存在拆除的可能性，浆液凝固后的强度不宜太大，一般达到周围土体的强度即可，这里以 50kPa 为目标强度值。

基于注浆材料选择初步结论，管道长距离注浆不建议使用环氧树脂、聚氨酯等材料，对于其他材料及其组合，通过实验测试，获得以下结论：

1)缓凝剂的掺入可以大幅度减小浆液黏度增长速度，但会在一定程度上减小泥浆 7d 龄期的强度；膨胀剂的掺入可以减小浆液胶结后的干缩率；减水剂的掺入对浆液流动性具有较为不利的影响，不予采用。

2)对于纯水泥浆液，在配比为水固比 0.6~0.7，缓凝剂掺入量为 0.25%，膨胀剂掺入量为 10% 左右时，浆液 3h 黏度为 1000mPa·s 左右，28d 龄期强度为 10MPa 左右，结实

率 > 90%。

3)对于水泥 – 粉土浆液，在水固比 1.4，水泥：粉土 = 1:9，缓凝剂掺入量为 0.25%，膨胀剂掺入量为 2% 时，浆液 10h 黏度为 500mPa·s 左右，28d 龄期强度为 70kPa 左右，结实率 > 90%。

4)对于水泥 – 粉煤灰浆液，在水固比 2.0，水泥：粉煤灰 = 4:6，缓凝剂掺入量为 1%，膨胀剂掺入量为 10% 时，浆液 10h 黏度为 750mPa·s 左右，28d 龄期强度为 250kPa 左右，结实率 > 90%。

5)对于水泥 – 黏土浆液，在水固比 1.6，水泥：黏土 = 1:9 时，缓凝剂掺入量为 0.25%，膨胀剂掺入量为 2%，浆液 10h 黏度为 800mPa·s 左右，28d 龄期强度为 90kPa 左右，结实率 > 90%。

基于上述研究，推荐的注浆材料配比与适用情况如表 7 – 1 所示。

表 7 – 1 推荐的注浆材料配比与适用情况

原材料	配比	性能	适用情况
纯水泥	水固比 0.6 ~ 0.7，缓凝剂掺入量不应低于 0.25%，但不宜超 3%（宜根据现场初凝时间要求确定），膨胀剂掺入量为 5% ~ 10%	流动性保持时间在 4 ~ 8h，强度非常高	短距离充填，尤其适用于对填充强度要求极高的管段
水泥 – 粉土	水固比 1.2 ~ 1.4，水泥：粉土 = 1:9 ~ 1.5:8.5，缓凝剂掺入量为 0 ~ 0.25%，膨胀剂掺入量为 0 ~ 3%	流动性保持能力非常好，可达到 10h 以上，强度满足填充要求	长距离充填
水泥 – 粉煤灰	水固比 2.0，水泥：粉煤灰 = 4:6，缓凝剂掺入量为 0.5% ~ 1.5%（宜根据现场初凝时间要求确定），膨胀剂掺入量为 5% ~ 10%	强度较高，流动性保持能力较好，可达到 8 ~ 10h	普遍适用并且有非常高的结实率
水泥 – 黏土	水固比 1.4 ~ 1.6，水泥：黏土 = 1:9 ~ 1.5:8.5，缓凝剂掺入量为 0 ~ 0.25%，膨胀剂掺入量为 0 ~ 3%	流动性保持能力与水泥 – 粉土组近似，强度满足充填要求	可对强度要求较低的管道进行长距离充填

注：各注浆材料配比及其性能仅针对所选的添加剂，现场应用时应视情筛选其他可行的添加剂，并优化浆液配比，使之性能满足现场的需要。

7.3 注浆工艺方法

7.3.1 注浆方法

1. 纯压力注浆

纯压力注浆法单纯依靠在管道一端施加的压力将浆液注入管道，实现管道的填充处理。该方法适合各类管道的注浆，但对于占压距离长和长距离穿越环境敏感带的管道具有一定的局限性。若采取大量开挖、切割成短距离的管段进行纯压力灌浆，则需耗费大量的人力、物力和时间成本，并且在工程施工过程会遇到很多阻力，如征地、施工环境无法满足操作要求等问题。

2. 真空辅助压力注浆

真空辅助压力注浆在纯压力注浆的基础上增加了抽真空环节。注浆时，进浆端注浆泵的正压力给液柱施加推力将其压入管道，而出浆口端真空泵的抽真空作业则给液柱施加拉力，通过对浆液的推拉作用实现长距离注浆。

在后张预应力混凝土结构施工中，真空辅助灌浆技术作为一种新技术获得了很好的工程效果，在100m以上的长孔道中，真空辅助压浆工艺是保证密实压浆的根本方法，其原理对于长输管道的密实注浆具有重要借鉴意义[42]。在长输天然气管道干燥作业中，真空干燥技术作为一种成熟技术得到广泛应用[43,44]。基于上述事实，针对长输管道的真空辅助注浆技术具备可行性，能够获得较传统压力注浆更长的注浆距离和更高的填充率。

7.3.2　注浆工艺

1. 纯压力注浆

图7-3所示为废弃管道纯压力注浆的工艺设置，具体工艺流程如下。

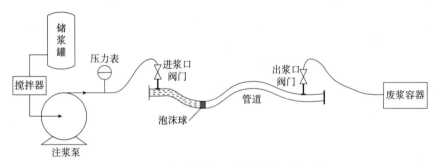

图7-3　废弃管道纯压力注浆的工艺设置

（1）准备工作

1）开挖作业坑，切割管道，在管道上进浆口与出浆口处开孔。

2）在管道注浆口前方植入泡沫球，防止浆液在管内不连续流动，影响注浆效果。

3）对管道两端进行密封。

4）确认浆液配比符合管道注浆性能要求，并按配方称量注浆材料。

5）检查材料、设备、设备附件的型号或规格、数量等是否符合要求。

6）按图7-3进行各单元体的连接。

（2）浆料拌浆

将称量好的注浆材料倒入储浆罐，通过搅拌器进行搅拌，直至浆液混合均匀。

（3）注浆

1）打开进浆口阀门和出浆口阀门。

2）启动注浆泵，将预定量的浆液压入管道。

3）当浆液源源不断地进入废浆容器时，关闭注浆泵。

4)关闭进浆口阀门和出浆口阀门。

（4）设备回收与清洗

拆除注浆设备，清洗注浆泵、搅拌器、阀门等工艺设备。

2. 真空辅助注浆

图7-4所示为废弃管道真空辅助注浆的工艺设置，具体工艺流程如下。

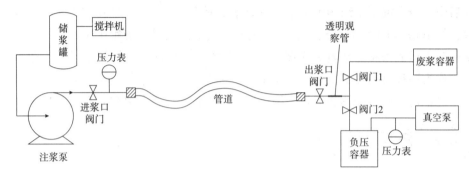

图7-4　废弃管道真空辅助注浆的工艺设置

（1）准备工作

1）开挖作业坑，切割管道，对管道两端进行密封。

2）确认浆液配比，按配方称量注浆材料。

3）检查材料、设备、附件的型号或规格、数量等是否符合要求。

4）按真空辅助压浆布置图进行各单元体的密封连接。

5）检查供水、供电是否齐全、方便。

（2）试抽真空

关闭进浆口阀门和阀门1，打开出浆口阀门和阀门2，启动真空泵，观察压力表的读数，当管内压力降低到8kPa时，关闭真空泵，密闭4h，观察管道内压力的变化。如压力的变化值小于0.1kPa，可继续抽真空；否则，应修补渗漏点后继续对管道抽真空，直至真空负压力达到0.07~0.09MPa。

（3）拌浆

将称量好的注浆材料倒入储浆罐，通过搅拌机进行搅拌，直至混合均匀。

（4）压浆

1）启动真空泵，打开进浆口阀门，启动注浆泵，并注意观察管道两端的压力数值。

2）当浆体经过透明高压管并即将到达三通接头时，关闭阀门2，同时打开阀门1，关闭真空泵。

3）观察废浆容器处的出浆情况，当出浆流畅、稳定且稠度与储浆罐的浆体基本一致时，关闭阀门1，最后关掉注浆泵、出浆口阀门和进浆口阀门，完成注浆。

（5）设备回收与清洗

拆除注浆设备，清洗注浆泵、搅拌机、阀门等工艺设备。

7.3.3 充填效果检测

注浆完成后宜对充填效果进行检查，浆液凝固后的无侧限抗压强度应达到50kPa以上，管道容积填充率达到预定指标，通常至少管容50%以上。其中，填充率可通过注浆材料本身的结实率特性和注浆时注入的浆液量理论估算，并配合实测凝固后的注浆料占管道横截面的比例进行评估。

7.4 报废管道注浆案例

7.4.1 改性水泥注浆材料案例

管道口径426mm，长度1km，注浆工艺为纯压力注浆，采用的改性水泥各成分的质量比为水:水泥:缓凝剂=1:2:(0.02~0.03)，经测验该配比的浆体流动性好，初凝时间大于25.5h，终凝时间84h，28d后强度大于5MPa，满足长距离注浆试验要求，作业现场如图7-5所示。注浆于2014年4月完成，6个月后对注浆管道开挖，并截取一段进行注浆效果验证，管道填充效果良好，实现了充盈度达到90%以上的目标，如图7-6所示。

图7-5 注浆现场

图7-6 注浆效果

7.4.2 水泥 - 粉煤灰注浆材料案例

管段长 1.1km，外径 529mm，采用纯压力注浆工艺，注浆材料由粉煤灰、水泥、水、聚羧酸减水剂、聚羧酸保水剂配比而成，其初凝时间 38h，填充率 95.6%，泌水率 4%，28d 抗压强度 2.25MPa，60d 抗压强度 3.2MPa，满足管道注浆填充。注浆工程于 2017 年 6 月完成，作业现场如图 7 - 7 所示，注浆后的效果如图 7 - 8 所示。

图 7 - 7　注浆现场

图 7 - 8　注浆效果

第8章 拆除技术

导 读

在废弃管道处置工程中，即使采用就地废弃的处置方式仍然不可避免地要进行拆除作业，不论是对残留物割管取样还是对清洗管段焊接临时收发球筒，都离不开对局部管段的切割拆除。管道拆除是管道建设的逆过程，理论上管道建设期的做法完全适用于废弃管道。然而，废弃管道由于内部残留油污和其他污染物，常规的切割方法不适应大规模的拆除作业，废弃管道的拆除具有一定的特殊性。那么，对于废弃管道的拆除而言，其流程是什么？有哪些需要特殊考虑的方面？工程应用上应采取何种措施？这些是本章要解答的内容。

8.1 概述

废弃管道拆除是管道建设的逆过程，许多环节类似，施工方法、采用的技术和设备可以借鉴，如管沟的开挖、回填、吊装、运输等。但是，废弃管道拆除仍有自身的独特之处。首先，废弃管道运行多年，结构强度比新建管道低，这给管道的起吊、切割带来一定影响。其次，废弃管道所在地理环境可能发生了巨大变化，很难像建设施工那样开辟施工场地，相关作业难度增加。再次，管内残留物清洗洁净度对拆除作业具有较大影响。如果残留物清理不干净，挥发的油气极易造成爆炸，因而切割作业需要的安全防护措施比建设时期严格。最后，目前尚缺乏废弃管道大规模拆除的工程实践，对拆除施工可能存在的危险和有害因素及缓解措施认识不够。这些因素决定了废弃管道的拆除是一项不完全等同于新管道逆向施工的工程，如何高效地回收废弃管道是一个值得研究的问题，既需要充分借鉴管道建设时期的技术手段，又需要根据自身特殊需要开发特有的技术手段，满足实际工程需要。

8.2 拆除流程

通常，废弃管道拆除包括以下6个步骤：

（1）准备

准备阶段主要包括编制拆除方案，并组织专家进行方案审查。在施工方案实施前告知管道沿途的土地所有者或者承包人拆除工程的实施计划。

（2）通行权准备

派专业人员在施工场地设置临时进出通道和警示标志，为管沟的开挖做好准备。

（3）开挖管道

使用挖斗经过特殊改造（如挖斗上焊接半月形开口）的挖掘机开挖管道，避免管道在挖掘期间受到破损。挖沟作业宜直接在管道上方进行，通常开挖一个挖斗的宽度。在开挖作业期间，将表层土壤去掉30cm放置于管沟工作侧，将底层土放置于回填侧。

（4）切割与拆除管道

切割工作组直接在开挖工作组后方可工作，一旦管道暴露出来，立即将管道吊起、切割，从管沟移除。作业期间，宜保留固定长度的露天管沟，避免管沟遭受水流进入过度侵蚀的影响。

（5）管沟回填

一旦管道被移除，用推土机或者人工方式将底层土回填到管沟，再将表层土壤覆盖于管沟上，最后用带橡胶轮胎的压路机压实土层。压实后，进行地面平整和坡度缓和。

（6）通行权恢复

拆掉临时进出通道，警示标识，恢复土地通行权。如有必要，对土壤进行再植被化。

8.3　管道开挖

管道的重新利用依赖于其在地下时的维护状况和拆除时的防护，管道的开挖应由有能力和有经验的人员实施。

开挖管道与铺设管道的过程相同，但是需采用铲子末端配置特殊防护配件的挖掘机。通常，防护配件改装为适合管道口径的形式，内侧没有尖锐边角，从而避免破坏管道外表，如图8-1所示，这是整个开挖管道的关键部分。采用加装合适防护配件的挖掘铲，技艺高超的操作者能够确保管道完好，而差的或者缺乏经验的管道开挖者可能会将管道变成废品。

图8-1　避免损坏管道的特殊管道开挖工具

如果采用未改装的挖斗开挖，则宜只开挖一个挖斗的宽度，仅在管道切割处进行较宽作业坑的开挖，以方便切割人员施工，如图8-2所示。

图8-2 非特殊工具开挖

8.4 管道切割

8.4.1 管道切割方法

管道切割方法按采用的能量形式可分为基于应变能、热能和化学能三类[45]。

1. 应变能切割方法

应变能切割就是使用机械力折断金属。折断可能是脆性断裂或者塑性变形的形式。可供使用的方法如下：

- 接触装药料爆破切割。
- 成型装药料爆破切割(又称聚能爆破)。
- 产生冲击波的爆破切割。
- 机械锯切割。
- 应用研磨砂/水喷射切割。

以下简要地介绍上述方法。

(1)接触装药料爆破切割

爆炸装药(包)装在管线上，用电气点火装置引爆进行切割。这种方法切割速度较快，而且对管道壁厚几乎没有限制，消耗品、人工和初始投资费用均较低。但是该方法的一个主要不足就是其切割作业难以控制，因而如果管道要再利用就不能采用这种方法。

决定该方法效率的因素包括装药料的性能和量、管道壁厚、钢的特性、管内现有残余应力、分隔管线和炸药之间的量与它们之间的媒介物。

（2）成型装药料爆破切割（聚能爆破）

成型装药料爆破是利用一定的装药结构设计出特定的聚能药包对爆破对象进行作用的一种爆破方法。切割管道时，炸药被装在一个软金属（铜或铅）制成的，具有箭头形截面的管状盒套内。装药盒套绕在管道的外壁或内壁上，其箭头尖顶处于管道表面的远端。

该方法的切割速度较高，但水下作业时管子壁厚限制到15mm，在空气中作业时壁厚可稍大一些。该方法人工和初始投资费用较低，但消耗品费用较高，因为每一个盒套均要对着目标管道的轮廓制造。

20世纪70年代以来，苏联的巴顿电焊研究所与全苏石油研究所将聚能爆破技术用于切割破损的输油管道，1973—1990年共利用爆炸法切割输油管、阀门等3007段。美国也研制了从外部切割管子的套筒式爆炸切割器，切割的管子为 $\phi219mm \times 10mm$ 和 $\phi273mm \times 12.5mm$，2002年我国对该技术进行了试验测试[46]。

（3）产生冲击波的爆破切割

与钢材直接接触的炸药爆炸会在钢材内产生冲击波，若干聚束的波可在需要的地方切断钢材。该方法用卷曲的带状装药包围在管道上点火爆炸切割管道，切割速率较高，对低碳钢切割厚度为10mm，费用比接触装药料爆破费用高，但比成型装药料爆破费用低。

（4）机械锯切割

运用镶嵌了工业钻石碎片的带状循环锯切割管道。锯刃带由液压马达驱动，液压马达由电动液压动力站通过长度不超10m的胶管供油以减少压降。动力站能遥控操纵板调节速度、锯刃带的位置和进刀量。

该方法人工和消耗品费用较低，但其设备的初始投资较高。

（5）应用研磨砂/水喷射切割

利用含有研磨材料微粒的水在高速下喷射产生切割作用。其效能是局部变形和断裂，可以减少高局部应力集中区。

该方法经常需要更换喷嘴，特别是水和研磨砂混合后喷射时，导致较高的消耗品费用，初始投资费用也较高。但人力费用较低，产生的切口很清洁，不会造成变形，也很容易实现自动化。

2. 热能方法

热切割作用有以下两种不同的方式：
- 简单地输入热能熔化。
- 使用由铁/氧/氧化铁反应产生的氧化热。

这两种作用方式的应用有：
- 氧气弧。
- 带喷射水的氧弧。

- 等离子弧。
- 热喷枪。

（1）氧气弧

利用气体火焰的热能将工件切割处预热到燃点后，喷出高速切割氧流，使金属燃烧并放出热量而实现切割，也称氧乙炔火焰切割。该方法快速、有效、可靠和廉价，被广泛应用。

（2）带喷射水的氧弧

带喷射水的氧弧切割是用高速水喷射在熔化金属上，在其重新凝固之前将其冲走。

（3）等离子弧

利用产生在钨极和工件之间的等离子弧作为热源，借助高速热离子气体熔化和吹除熔化金属实现切割。这种方法的优点在于电极不耗损，从而节省了作业时间，也容易实现自动化，但操作者必须注意防止被电击。

（4）热喷枪

在一根长约3m的钢管子里面塞着较细的铁棒，并通入加压氧气，点火后引起 $Fe + O_2$ 反应，利用产生的热量熔化金属实现切割。

热喷枪切割在空气中很难控制，因它在切割过程中会产生大量的浓烟，并且它的燃烧速度使得操作人员要在 $2 \sim 3m$ 外控制，因此不是一种非常精确的切割方法，在水下更难安全地控制。其优点是高速率的穿透能力，能够切割水泥和混凝土。

3. 化学能

化学或烟火切割，取决于两个或更多的反应物之间高温氧化学反应产生的热量。反应物一般是固体，其反应热能用传导或者通过高温喷射流传递到工件。该方法切割速度高，而且被切割钢材厚度没有限制，费用适中，应用方便，且因其原料来源便利，点火操作能实行自动化和遥控。但其作用流程的效率对氧化剂燃料混合物的均质性、配方成分和微粒尺寸较敏感。

4. 切割机具的选择

管道切割一般采用人工直接解体，对大量管道的切割，采用自动化或者半自动化切割机具辅助是一种提高效率、降低工人劳动强度的有效方式。切割机具的选取需要考虑管径、壁厚、材质、表面是否有涂层、拆除空间大小等诸多因素。因此管道切割设备一般选择操作方便、切割效率较高、易于去污的机具。

管径较小的管道，由于其管壁较薄，易于分割解体，其切割可以采用圆盘锯、液压剪等冷切割机具，也可以使用等离子或火焰切割机具进行热切割。但是对于大口径管道，由于管壁较厚，需要根据现场布置情况，尽量选择可以实现自动切割的机具，达到减轻人员工作量的目的。

目前，大型管道切割中广泛使用自动管道切割机进行切割，该设备的特点是结构紧凑，外观小巧，运行平稳。根据设备与管道的定位方式的不同，自动管道切割机主要分为：链条式、磁力式、轨道链条复合式[47]。

链条式自动管道切割机：利用链条将设备安装在管道上，并环绕管道爬行切割。该设备可以采用液压驱动、电力驱动，并配合使用不同锯片进行冷切割。其中电力驱动设备，对于一定厚度的碳钢、铸铁切割效果较好；液压驱动设备运转平稳，切割质量较高。

磁力式自动管道切割机：利用磁性滚轮吸附在钢管上自动环绕爬行切割钢管，可以配合使用等离子割锯/火焰割锯进行管道热切割。

轨道链条复合式自动管道切割机：利用轨道或轨道组合与专用爪具相互配合，抱紧待切管道，主机通过链轮传动实现在管道上进行环向行走。该机型既可使用火焰切割，也可使用等离子切割，切割精度达1mm。

以上三种管道切割设备在工程应用中各有优缺点，详见表8-1。

表8-1 管道切割设备对比

设备名称	适用对象	优点	缺点
链条式自动管道切割机	碳钢、不锈钢，切割管径 $\phi 300mm$ 以上	安装简便、切割作业空间较小	冷切割时需要对刀片进行冷却，产生少量二次废物
磁力式自动管道切割机	碳钢，切割管径 $\phi 108mm$ 以上	安装简便、切割作业空间较小	钢管圆度差时，切割精度较差；对于外表面有涂层、不锈钢等弱/无磁性管道，无法切割
轨道链条复合式自动管道切割机	碳钢、不锈钢、铝材，切割管径 $\phi 320mm$ 以上	切割轨迹起点和终点重合；切割精度较高	轨道、链条安装辅助工作时间略长些。机身略大，切割所需的操作空间略大些

对于大型碳钢管道，理论上以上三种类型的切割设备均可以使用。但是，设施建造时，管径较大的管道由钢板拼接而成，管道加工圆度偏差较大。如果使用磁力式自动管道切割机，磁力小车沿管壁的行走路径改变，切割效果不好。因此在切割空间足够大的情况下，对于直径较大的碳钢管道适宜选用链条式自动管道切割机进行冷切割，或选用轨道链条复合式自动管道切割机进行火焰切割。

8.4.2 切割技术的应用原则

废弃管道的切割具有工作量大的特点，可采用的切割技术因管道内部状态而不同。

1) 对于管内油气清洗干净的管道，可直接采用基于热能的氧气弧、等离子弧等手段直接切割。

2) 对于内部残留油气多的管道，为安全起见应采用机械锯或者水射流的方式切割，宜采用链条式切管机或者水刀切割。

3) 对于内部残留少量油气的管道，为提高切割效率宜采用聚能爆破方法。在不要求切割效率的情况下，也可采用机械锯或者水射流的方式切割。

切割时依据焊缝所在的位置宜将管道在其焊接处切割为便于卡车运输的长度。

8.5 管道的回收

管道的回收即将管道从管沟取出的过程。与铺设管道类似，切割后的废弃管道可以采用起重机、吊管机、挖掘机进行起吊回收。有时，单边吊杆可用来抬举管道，辅助将其移出管沟，但是更为普遍的是将管道切割为固定长度的管段（如30~60m），用推土机拖拽出管沟，需要注意的是，拖拽太长的管道会导致其弯曲。一旦管道移出管沟，就可以用推土机回填管沟。

依据长输管道的特点以及当前管道建设施工技术装备的能力，有两种废弃管道的回收方法，具体如下。

（1）多点切割分段吊装

分段切割废弃管道，然后将管段通过起重机、吊管机或者挖掘机吊离管沟，放置到运输车辆或者固定场地。该方法的作业工序包括探管、开挖管道、沟下切割、管道吊装等环节。根据拆除管道的长度、起吊设备的能力、切割机具的效率、管道壁厚和口径情况，可以在管沟内切割为小于12m的管段，也可以减少沟下切割的数量，切割为较长的管段，进一步的切割在地面上完成。前者对切割设备的要求较高，需要切割速度快、设备体积小，但对起吊设备要求较低，一般不需要多台设备协调作业；后者则对起吊设备的性能要求较高，需要能够可靠、平稳起吊较长的管段，需要多台设备协调作业，如图8-3所示。该回收方法适用范围广，各种口径的管道均可以采用这一方法，对于大口径的管道尤为适合，但是对于小口径管道并不高效。

图8-3 吊管机吊装管道

（2）局部开挖抽管法

局部开挖暴露管道，然后通过专用设备或者推土机、压路机整体将管道抽出来，如图8-4所示。该方法的作业工序包括探管、开挖管道、整体抽出、沟上定点切割等环节。其中，对管道施加的拉力依赖土壤接触力、管道的结构强度和埋深，实际工程应用中基于试错的方式预测拉力，最大长度宜小于100m。该方法存在断管的风险，不过对于废弃管道的回收，断管并非不可接受，只是会影响管道的再次利用，对于不再回收利用的管道断管影响可忽略。这一方法的优点是大量减少管道的开挖量，管道回收速度快。对于埋深浅、口径小的管道，该方法尤为适用。

图 8 - 4　管道的抽取回收

8.6　石棉涂层的处理

在管道的拆除回收过程中，含石棉涂层、石油沥青防腐层的管道拆除需要特别注意，处理不当会造成污染物的散落，甚至影响操作工人的健康。

石棉被证实是避免钢管腐蚀有效、耐用、持久的材料。大多数情况下，石棉含量占管道熔结缠绕涂层的 5% ~ 50%。整体而言，这意味着在全部涂层中有 20% 的石棉。在美国，管道石棉涂层在清洁空气法案生效的 1965 年前非常流行，1980 年后新管道涂层中不再含有石棉。然而，成千上万的地下管道在焦油和熔结缠绕涂层中含有石棉成分，这些管线大都在 1920—1980 年铺设[48]。

石棉变干破裂后，就会处于易碎和漂浮状态。如果被持续地吸入达到一定量级就会变成污染物。含易碎石棉的涂层是柔软干燥的且有足够的柔韧性，一旦受挤压会释放石棉纤维进入空气。在拆除含石棉涂层的管道时，好的实践是在附近放置一个储水罐或者容器，通过喷洒水雾的方式保持新割开或者切割的工作区域湿润，同时操作员应佩戴呼吸面具。有时，在装载管道前需要格外小心，甚至可能需要单独处理每一处管道补口区域，运输管道时对装载的管道末端进行封堵也极为必要。

由于管道体积大、质量重，涂层本身会贡献管道总质量的 10% ~ 12%，含涂层管道的装载、运输与卸载的花费高，很多时候管道公司或者回收利用专业公司会对管道涂层进行现场清除，如图 8 - 5 和图 8 - 6 所示，甚至对管道本身进行现场预处理，如拉直、开坡口等，以便回收利用。现场清理的涂层需用专用容器收集，并运输到垃圾填埋场处理。同时，为了有害涂层物的回收，现场清理涂层后还应去掉含有残留物或者涂层的表层土，并送到垃圾填埋场填埋。

图8-5 涂层薄片清理过程

图8-6 含石棉防腐层去除设备

8.7 管沟回填

管沟回填方式包括：推土机回填、单斗回填、人工回填等[49]。

管沟回填时，原状土的粒径不大于250mm。原状土回填应高于相邻自然地面0.3m，用来弥补土层沉降的需要。施工中应根据施工的气候和季节条件来选择合适的管沟回填时间。合适的管沟回填时间为：夏季或高温地区在当天气温最低时进行管沟回填，冬季或低温地区在气温最高时进行管沟回填。

特殊地段的回填，按以下原则实施：

1）农田段回填时应先填生土，后填耕作熟土，以保证地貌恢复质量，便于耕种。

2）水网地段回填管道，回填前若管沟内有积水，应排除，并立即回填。要严加注意用干实土回填。对于回填后可能遭受洪水冲刷或浸泡的管沟，应按设计要求采取分层压实回填、引流或压砂袋等防冲刷措施。

3）沙土地段的管沟回填采取直接回填的形式，回填的方式需要选择单斗回填或人工回填。

4）淤泥地段的管沟回填采取先压载、后直接回填的形式。

5）石方或戈壁段管沟，应先在沟底垫细土，细土的最大粒径应不超过10mm，然后回填原土石方，但石头的最大粒径不得超过250mm。

8.8　管道装载与运输

管道装载时可以用翻斗叉车将管道放置到卡车上，也可在推土机上安装特殊的叉子代替翻斗叉车进行卡车装载。有时，翻斗叉车由于橡胶轮胎的原因工作效率不是很高效，在这种情况下，采用轨道最为有效。

8.9　地貌恢复

管沟回填工作完成后立即着手土地复原工作。一般管沟回填后20d（居民区为10d）内，完成最终的填土压实、坡度缓和、表层土壤替换和永久性侵蚀防护设施的建造。由于季节或气候原因而无法在规定时段内完成时，要实施临时侵蚀防护措施（临时土坡隔断和沉积物围栏）直到条件允许完成土地复原工作。

一般情况下，管沟回填完成后应将作业带内设备、车辆行走过的公共通道、水渠中的过水桥涵等设施内的施工材料和杂物清理干净。焊条头、砂轮片等废弃物要在施工过程中收集起来并从作业带上清走，不得放在管沟中掩埋。回填后应按原貌恢复沿线施工时破坏的挡水墙、田埂、排水沟、便道等地面设施。将作业带内的所有取土坑、土墩填平或推平，恢复成原地貌。在农田地段，当清理工作结束后，雇用农耕设备对耕地进行彻底的疏松，或给土地承包户支付一定数额的复耕费用。对施工机械走过的、作业带以外的区域，应按业主要求进行恢复。

管道经过的公路等原有设施，应采用与原来类似的材料和方式进行恢复。管线穿越的河渠回填后，应及时拆除围堰，围堰用料和多余的土石方按河道、水利主管部门的要求进行处理。河渠岸坡、河床除恢复原来的地貌外，还需按设计或河道主管部门的要求进行水工保护，以保护河床。对于施工中损坏的沟渠，在管沟回填后，需要将沟渠断面恢复原状。

第9章　环境社会经济影响评价

导 读

　　环境社会经济影响评价是管道废弃过程中的重要方面，在北美地区，该评价是支持管道公司提交废弃申请时必要的说明材料。对我国而言，大规模废弃处置工程的环评也是重要的环节。本章以加拿大在废弃管道处置工程中的环境社会经济影响评价为例，介绍其内涵、目的、评估流程、评估范围、评估详细程度等内容，并结合案例分析该评价在管道废弃工程中的应用过程，以期为我国管道废弃工程必要的环境影响评价提供有益借鉴。

9.1　环境社会经济影响内涵

　　环境社会经济影响（Environmental and Socio－economic Assessment，ESA）是管道工程（建设、操作、维护和废弃）过程中预期会遇到的影响，包括物理要素（物理和气候环境、土壤及土壤生产力、水质与水量、大气污染物排放、噪声环境）、生物要素（鱼类、湿地、植被、野生动植物及其栖息地、濒危物种）、社会经济要素（职业和资源利用、人类健康和美学、基础设施和服务、就业与经济）。环境社会经济影响评估涉及预测和估计工程直接引发的环境社会经济因素变化，以及工程与同一区域过去、现在、未来可预见的工程和当地人类活动交互作用而引发的影响。同时，也要考虑由于事故、故障或者意外事件或者环境因素造成的工程变化。

9.2　评估目的

　　评估的目的是在工程继续实施决策前，通过全面考虑、分析潜在工程影响，确保工程不可能引发显著的负面影响或者促进显著的负面累积影响。

9.3　评估流程

　　ESA评估可分为两个层面（见图9－1）：第一个层面是针对工程本身的残留影响的显著性评估；第二个层面是本工程残留影响与其他工程或者活动交互作用的残留累积影响的

显著性评估。

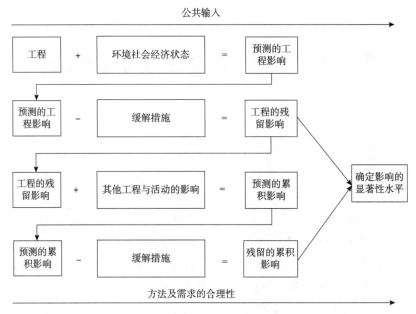

图 9 - 1　环境社会经济影响评估流程

9.4　评估的范围

恰当的范围界定是建立有效环境社会经济评价的基础，从而确保评估集中在相关的议题和关注上，并辅助决定评估包含内容的详细程度。合理的范围界定可以减少包含不重要(或者不相关信息)或者排除应该评估因素的风险。界定范围是识别以下内容的过程：

- ESA 评估过程中包括物理设施和活动。
- 什么样的生物物理和社会经济因素可能被影响。

其中，工程的范围既包括构成工程和支持工程继续的物理设施和活动，也包括为证实与推进工程而申请执行的其他物理设施和活动。

9.5　评估的详细程度

工程的特征及环境和社会经济状况共同建立了工程和环境交互作用的内容，这些交互作用形成影响预测的基础，以及理解有关环境社会经济状况、交互作用和预测的影响所需的恰当详细度。公众的兴趣同样对评价的详细程度有指导作用。

ESA 评估必须包括定量和定性的信息，但是必须考虑详细的地图、调查情况和趋势数据能够加强评估的程度。评估中考虑的生物物理和社会经济因素的数量和特征、支持信息的详细程度会随着工程的状况和引发的议题变化而变化。

表 9 - 1 所示为加拿大 CER 要求的详细信息情况示例，其中考虑了工程申请的所有阶

段(建设、操作、维护和废弃),包括每一阶段潜在的事故和故障[50]。

表 9-1　加拿大 CER 要求详细生物物理和社会经济信息的情况及交互作用

生物物理和社会经济元素	要求详细生物物理和社会经济信息的情况及交互作用
物理和气候环境	工程可能影响独特物理特质(如地文、基岩、永久冻土、地质情况或者其他局部环境)的形态 工程可能被局部或者地区性的物理特质、气候条件或者极端天气、其他自然灾害影响 存在突出的工程关注因素,该因素尚无法通过干预的方式解决
土壤和土壤生产力	位于以前开发的篱笆防护或者铺有碎石的场地之外的工程部分 任何在地下的工程部分 会导致土壤生产率降低或者破坏其完整性的工程 历史土地使用表明土壤或者沉积物可能包含污染物或者工程可能会导致土壤污染 存在突出的工程关注因素,该因素尚无法通过干预的方式解决
植被	位于以前开发的篱笆防护或者铺有碎石的场地之外的工程部分 工程穿越需要持续植被控制的区域 工程会导致入侵物种扩散 工程会导致植被群落破坏或者损坏 工程会影响原住民特别关注的植被 存在突出的工程关注因素,该因素尚无法通过干预的方式解决
水量和水质	在水体 30m 内的工程 工程会导致水量减少或者水质降低 工程会涉及释放或者浸出污染物质到水体或者地下水 工程会改变地下水流向 工程会跨流域流动 工程会影响原住民特别关注的水体 存在突出的工程关注因素,该因素尚无法通过干预的方式解决
鱼类及其栖息地	工程位于养鱼水体或者其支流 30m 内 工程会导致污染或者有毒物质沉积在养鱼水中 存在可能被工程影响的局部渔场 工程会影响原住民特别关注的鱼类或者鱼类栖息地 存在突出的工程关注因素,该因素尚无法通过干预的方式解决
湿地	工程包括位于湿地 30m 范围内的物理设施或者活动 工程包括在地区级、省级、国家级或者联邦级湿地范围内的物理设施或者活动 工程会导致湿地功能丧失 工程会影响原住民特别关注的湿地 存在突出的工程关注因素,该因素尚无法通过干预的方式解决
野生生物及其栖息地	工程位于或者靠近包含敏感的野生生物栖息地 工程位于或者靠近环境保护区域或者用于自然或者科学目的的区域 工程可能创造人类对重要野生生物栖息地新的接触机会 工程会导致野生生物栖息地功能丧失 工程会导致野生生物死亡的增加或者干扰野生生物 工程会影响原住民特别关注的野生生物 存在突出的工程关注因素,该因素尚无法通过干预的方式解决

生物物理和社会经济元素	要求详细生物物理和社会经济信息的情况及交互作用
濒危物种或者 特殊物种及其栖息地	研究区域包括濒危物种或者特殊物种活动范围的土地，以及养育这些物种的栖息地 存在突出的工程关注因素，该因素尚无法通过干预的方式解决
大气污染物排放	工程运行或者维护阶段会增加大气污染物排放 存在突出的工程关注因素，该因素尚无法通过干预的方式解决
温室气体排放	在工程建设期间存在温室气体排放 在天然气加工厂，泵或者压缩机站操作和维护期间，工程会导致温室气体排放增加 温室气体排放超出联邦或者当地省级部门的标准 存在突出的工程关注因素，该因素尚无法通过干预的方式解决
噪声环境	在建设、运行和维护期间工程会导致噪声水平增加 存在突出的工程关注因素，该因素尚无法通过干预的方式解决
人口密度和资源利用	工程部完全位于以前开发的设施场地内，不在公司拥有的工业用途的土地区域上 存在突出的工程关注因素，该因素尚无法通过干预的方式解决
文化遗产资源	工程包括植被清理、坡度缓和、挖沟、开挖或者钻孔活动 工程会创造新的人类访问文化遗产资源或者潜在文化遗产资源的机会 存在突出的工程关注因素，该因素尚无法通过干预的方式解决
导航与导航安全	在水流季节，工程包括位于导航航道内、航道上/下，跨越、穿越导航航道的活动或者部分 存在突出的工程关注因素，该因素尚无法通过干预的方式解决
传统地域和资源利用	工程位于或者穿过王室土地或者传统地域、保留地或者原住民居住地 工程会负面影响原住民使用当前土地和资源 存在突出的工程关注因素，该因素尚无法通过干预的方式解决
社会与文化生活	工程会影响原住民、当地居民或者社区的社会文化生活 存在突出的工程关注因素，该因素尚无法通过干预的方式解决
人类健康和美学	工程会影响当地或者区域水量和水质或者空气质量 工程会改变现有环境气味、视觉美学或者其他感官状态 存在突出的工程关注因素，该因素尚无法通过干预的方式解决
基础设施与服务	工程会导致局部或者地区基础设施的临时或者永久破坏，或者需要增添、修改或修理设施 在建设和运行期间工程会影响通行道路的使用 存在突出的工程关注因素，该因素尚无法通过干预的方式解决
就业与经济	工程会影响当地和地区就业、采购和签约状态或者政府税收 存在突出的工程关注因素，该因素尚无法通过干预的方式解决

9.6　影响评估过程

ESA评估通过比较环境社会经济条件描述与工程活动的方式实现，过程包括：确定时空边界、识别环境和社会经济因素、识别潜在的环境和社会经济影响、制定采用合适技术且经济可行的针对特定现场的缓解措施、在必要的地方采取加强措施、识别可预见的残留影响、确定残留影响的严重程度。

对当前环境和社会经济状况的描述(也称基线信息)是预测拟定工程影响的必要步骤,基线信息为工程影响的评估,包括工程累积影响评估提供了对比背景。足够详细的生物物理和社会经济状况描述,可以用来识别区域中的重要因素,识别工程和环境的交互作用,识别、预测并决定工程影响的显著性,识别并预测环境对工程的影响,形成合适的缓解措施和监测计划。

缓解措施通过政府机构、行业组织的指导和环境评估组专业判断进行识别。减缓措施执行后,影响评估的后续步骤决定是否存在残留影响。对于一些环境社会经济因素,减缓措施能消除可能的影响,而对其他因素,减缓措施减少影响。无残留影响的情况,不需要进一步分析。

影响的显著性评估主要分析影响是否是负面的、负面影响是否显著和显著的负面影响是否可能发生。

在评估工程负面影响时,下列指标是有用的:

- 强度(影响可能发生的程度);
- 持续时间(影响因素恢复到基线状态需要的时间);
- 频率(影响可能发生的次数);
- 地理范围;
- 生态内容(发生影响区域的生态特征);
- 可逆性或者永久度(从影响中恢复的可能性);
- 可能性(影响发生的可能性)。

对每一项残留影响应用上述指标时,必须定义每一项指标和指标考虑的范围。评级指标的定义可以是定量的,基于标准、指导、目标或者其他已经建立和接受的生态阈值。在缺乏任何参考或者监管指导的情况下,或者不是定量的情况下,评级属性的定义也可以是定性的,建立在可以获得的研究文献基础上。

当采用专业判断确定负面影响的显著性时,必须描述依赖专业判断的程度,并提供依赖程度合理性的信息。ESA 必须提供负面环境影响的可能性和显著性评估,供决策者参考。

9.7 累积影响评估

累积影响指工程活动的残留影响与其他不相关工程影响相互作用的潜在累积影响,包括由于过去、现在和未来工程活动的原因在某一区域内或者系统引发的累积空间和时间变化。变化可以在系统中以附加的或者交互的方式累积。在解释其他不相关工程影响前,通过应用规避、最小化和对有限影响补偿的原则,极大地降低对环境涉及经济特征的潜在负面影响。

累积影响的评价步骤包括识别工程的残留影响、确定时空边界、识别现有活动或者其他未来开发活动、识别累积影响、开发技术上和经济上可行的缓解措施、确定累积影响的严重性(显著性)水平。

通常，累积影响评估采用与特定工程的影响评估一样的方法。基线信息，工程描述和特定工程的缓解措施必须足够详细，足以刻画工程残留影响的程度。

累积影响评估与传统的工程影响评估不同，累积影响评估在考虑其他已经执行或者将会执行的工程(已知未来工程——确定的或者可以预见的工程)与活动引发的可能残余环境和社会经济影响的情况下，评估与工程直接相关的可能残余环境和社会经济影响。累积影响包括更大的地理研究区域或者更长的时间跨度。累积影响的缓解措施可能包括更大规模的计划措施或者至少包括涉及多个工程或者活动交互作用和影响的积极努力。

确定累积影响显著性与特定工程影响显著性的关键区别是前者对其他物理设施和活动进行考虑，后者则不考虑。显著性评估必须集中在与拟定工程结合起来考虑所有物理设施和活动可能引发总的累积影响上，必须清楚地解释显著性的定义，考虑当地、地区或者联邦的政策和管理目标。

9.8 案例分析

9.8.1 工程背景

本案例是加拿大 NOVA 输气有限公司(NOVA Gas Transmission LTD.，NGTL)废弃266km 508mm 口径管道的 ESA 评估案例。该管道由 Peace River 公司 1968 年建设，输送原油，1971 年被另外一家公司收购，1972 年 11 月 1 日改为输送天然气。该管道由于不再被用户需要而废弃，2011 年开始废弃申请准备，管道废弃工程计划于 2013 年完工。废弃方式以就地废弃为主，但为了避免导流现象，整条管道在 66 个地方封堵，每一段 4km 长，开挖后切割成 2m 长的管道移走。同时，穿公路、铁路的地方注水泥浆，地上设施拆到地下 1m 深[51]。

9.8.2 评估过程

评估流程包括：确定时空边界，识别环境和社会经济因素，识别潜在的环境和社会经济影响，制定采用合适技术且经济可行的针对特定现场的缓解措施，在必要的地方采取加强措施，识别可预见的残留影响，确定残留影响的严重程度。

下面对上述环境的主要环节进行介绍，其中针对各要素的潜在影响和残留影响评估分析过程从略。

(1)确定时空边界

ESA 主要根据明确的时空边界条件考虑工程对环境的影响，边界随着环境因素或者考虑交互作用因素的不同而变化，主要反映：

- 废弃工程相关的物理工作和活动；
- 人口或者生态系统或者社会经济要素的自然变化；

- 影响发生作用的时间；
- 人口或者生态系统或者社会经济要素从影响中恢复，回归到影响前状态需要的时间；
- 物理工作或者活动直接影响的区域；
- 人口或者生态系统或者社会经济要素的活动区域，在该区域中能够感受到工程带来的影响。

ESA 的空间边界考虑以下一个或者多个研究区域：

- 脚印研究区域（Footprint），由废弃活动直接影响的区域，即管道路由途经的区域、泵站、计量站；
- 局部研究区域（LSA），在该区域中植物、动物或者人最有可能被需要动土的废弃工程活动和脚印研究区域之外的就地废弃活动影响。局部研究区域随着考虑的环境社会经济因素不同而不同；
- 地区级研究区域（RSA），由超出 LSA 边界的区域构成，同样随着考虑的环境社会经济因素不同而变化。对于废弃活动 RSA 区域被识别为需要动土的废弃活动；
- 省级区域，地区区域或者监管区域边界之外的扩展区域；
- 国家级区域，省之外的区域；
- 国际级区域，超越国家的区域。

（2）环境社会经济因素与潜在影响

环境社会经济因素通过社会参与及评估组专家（15 年工作经验）判断确定，包括物理要素（物理和气候环境、土壤及土壤生产力、水质与水量、大气污染物排放、噪声环境）、生物要素（鱼类、湿地、植被、野生动植物及其栖息地、濒危物种）、社会经济要素（职业和资源利用、人类健康和美学、基础设施和服务、就业与经济）。

本工程识别到的潜在环境关注包括地表土壤保持、土壤侵蚀控制、土壤污染、种子的引入和扩散、对稀有植物的影响、对野生生物的影响。

（3）评估指标

本案例中采用的影响评估指标如表 9 - 2 所示。

表 9 - 2 环境社会经济评估指标——残留影响显著性评估[①]

评估指标	定义
残留影响水平	
正面的/积极的	对环境或者社会经济状态有纯收益
中性的	对环境或者社会经济状态无净收益或者损失
负面的	对环境或者社会经济状态有净损失或者有害
空间边界—残留影响位置	
脚印区域	废弃活动直接影响的区域，即管道路由途经的区域、泵站、计量站和其他相关设施。在考虑废弃活动时，脚印研究区域考虑以下因素：物理和气候环境、土壤和土壤生产力、水量与水质、大气污染物排放、噪声、鱼类及其栖息地、湿地、植被、野生生物及其栖息地、人口密度与资源利用、文化遗产资源、常规土地与资源利用、社会和文化生活、人类健康和美学、基础设施与服务、就业与经济

评估指标	定义
局部研究区域	植物、动物或者人最有可能被需要动土的废弃工程活动和脚印区域之外的就地废弃活动影响的区域 针对要求动土的废弃活动元素的局部研究区域包括： ●物理和气候环境——以管道路由为中心1km宽度范围 ●土壤——以管道路由为中心1km宽度范围 ●水量与水质/鱼类栖息地——对于每一条河道，识别从路权上游200m到影响区域下游末端的区域。影响区域是河道可达的区域，该河道中由上游活动导致90%的输沙量预期会脱离悬浮状态 ●噪声环境——以管道路权为中心2km的范围。噪声环境的局部研究区域基于野生生物和土地业主最可能被工程废弃活动影响的区域设定。同样地，噪声环境的局部研究区域空间边界与野生生物和社会经济局部研究区域相关 ●植被——在以管道路权为中心的300m范围内识别 ●湿地——在以管道路权为中心的500m范围内识别 ●社会经济——在以管道路权为中心的2km范围内识别。由于该区域中的土地利用与野生生物及其栖息地相关，因此，社会经济局部研究区域共享空间边界 就地废弃活动的局部研究区域被定义为以管道路权为中心的200m范围
地区级研究区域	由超出局部研究区域边界的区域构成，同样随着考虑的环境社会经济因素不同而变化。废弃活动的地区研究区域被识别为需要动土的废弃活动。对于以下每一项因素，在考虑工程对单个因素的地区影响情况下，建立独立的地区研究边界 ●大气污染物排放——大气污染物排放区域被定义为以管道路权为中心的30km宽度范围。大气污染物排放的地区级研究区域包括本工程与其他工程或者活动的类似环境影响交互时产生的潜在环境影响 ●水量与水质/鱼类及其栖息地——建议以管道路权为中心的15km范围 ●湿地——以管道路权为中心的15km范围，地区级研究区域包括河道、水体、河岸区域和泥炭地的外延 ●植被——以管道路权为中心的6km范围。在定义植被的地区级研究区域时，关键考虑因素是区分一类稀有植物群与另一类稀有植物群的分割距离，以及扩展到本土植被区域的大风影响距离 ●野生生物——以管道路权为中心的30km范围。野生生物的地区级研究区域应足够大，覆盖工程对野生生物及其栖息地的区域影响 ●社会经济——以管道路权为中心的30km范围，能够反映常规工程状态，以及工程间接影响的相关因素(如农业、消费性或者非消费性娱乐、狩猎、捕鱼)。由于这一区域的土地应用与特定的野生生物及其栖息地相关，社会经济的地区研究区域与之共享空间边界
省级区域	超出地区级区域或者监管边界的省级区域，但是仅限于阿尔伯塔省
国家级区域	超出省的国家级区域，但仅限于加拿大
国际级区域	超出加拿大的国际区域
时间内容	
持续时间—针对环境（导致影响的事件周期）	立即的	持续周期不超出2天
	短期的	持续周期大于2天但不超出1年
	中期的	持续周期大于1年但不超出10年
	长期的	持续周期大于10年

评估指标		定义
持续时间—针对社会经济（导致影响的事件周期）	短期的	在需要动土的废弃工程活动期间发生
	长期的	持续时间超出需要动土的废弃活动，甚至监测管道路权区域直到完全废弃（数十年）
发生频率②（导致影响发生的事件发生的频率）	偶然的	在评估期间很少发生
	独立的	局限于评估周期的特定阶段
	间或的	在评估期间间歇性地或者零星地发生
	定期的	间歇性地发生，但是在评估期间重复发生
	连续的	在评估期间连续发生
可逆性—针对环境（残留影响扩展的周期）	立即的	残留影响可在不超出 2 天的时间减缓
	短期的	翻转残留影响需要的时间大于 2 天但不超出 1 年
	中期的	翻转残留影响需要的时间大于 1 年但不超出 10 年
	长期的	翻转残留影响需要的时间大于 10 年
	永恒的	残留影响是不可逆转的
可逆性—针对社会经济（残留影响扩展的周期）	短期的	残留影响局限于需要动土的废弃活动
	中期的	残留影响扩展到需要动土的废弃活动后的最初两年
	长期的	残留影响扩展到剩余的废弃后处理阶段
	永恒的	残留影响是不可逆转的
强度③—残留影响		
可忽略		无法检测到残留影响
低		潜在残留影响可检测，但是完全在环境与社会经济和/或者监管标准控制范围内
中		潜在残留影响可检测，但是仍然在环境与社会经济和/或者监管标准控制范围内
高		潜在残留影响超出环境与社会经济和/或者监管标准控制范围
可能性		
高		可能的
低		不可能的
置信度水平④—与显著性评估相关的确定程度		
低		显著性的确定基于不完全理解的因果关系和工程区域不完整的数据
中		显著性的确定基于采用工程区域之外的数据的完全因果关系理解，或者基于采用工程区域相关的数据的不完整因果关系
高		显著性的确定基于完全因果关系理解和工程区域相关的数据

注：①显著的残余环境影响：某一高强度、长期或者永恒的残留影响的高概率发生，该影响在技术上或者经济上不能缓解。

显著的残余社会经济影响：满足下述条件的残余社会经济影响是显著的：

——高强度，高发生可能性，短期到中期的可逆性，且在地区、省级或者国家级层面不能从技术上或者经济上缓解；或者

——高强度，高发生可能性，长期或者永恒的可逆性，且在任何空间边界都不能从技术上或者经济上缓解。

②（残余）影响评估的评估周期包括工程废弃活动，而累积影响评估周期包括上述期间以及开发、建设和操作阶段的活动，或者过去发生和计划实施的工程。

③在考虑强度时，由于没有环境标准、阈值、指导或者适合大多数废弃议题的目标，所以负面残留影响强度的确定常常蕴含监管者、土地业主、承租者、其他股东和评估团队采用的强度评估历史。

④置信度水平受可获取的数据、过程、科学的不确定性程度或者其他评估团队无法控制的因素影响。

9.8.3 评估情况总结

1. 项目对环境的潜在影响评估总结

本工程中涉及动土活动和就地废弃活动的工程潜在环境和社会经济影响通过现有文献回顾、现场考察研究和专家评估团队判断的方式予以识别，相关的潜在影响包括：

- 物理和气候环境、土壤和土壤生产力、水量和水质、大气污染物排放、温室气体排放和噪声环境等物理因素。
- 鱼类及其栖息地、湿地、野生生物及其栖息地、植被、濒危物种等生态因素。
- 人口密度和资源利用、人类健康、基础设施与服务、就业与经济等社会经济因素。
- 事故与故障。

针对上述影响将会实施多项缓解措施，避免或者减少潜在影响的严重性，具体包括：制定详细、符合实际且有效地解决特定场地和常规议题的缓解措施；对需要动土的废弃活动执行期间实施检测，确保既定缓解措施按计划且有效地实施。通过环境和增强措施的实现，废弃工程与环境社会经济因素相关的残留影响不再显著。

2. 环境对项目的潜在影响评估总结

洪水和野火等环境条件被认为有可能在废弃活动和废弃后对项目产生不利影响。然而，环境对废弃活动的潜在影响并不显著。

第 10 章　大口径管道废弃处置

导 读

　　大口径管道相对于小口径管道，强度高、管容大，如果按照与小口径管道同样的方式处理，虽然可行，但是并未考虑大口径管道的特点，一定情况下会造成更大的资源浪费。本章分析废弃管道注浆填充率取值和清洗洁净度取值问题，试图为大口径管道的合理处置提供一定参考依据。

10.1　引言

　　当前，国际上大口径(600mm 以上)管道的废弃案例屈指可数。2004 年美国西北管道公司废弃了华盛顿州苏马斯市和沃舒格尔市之间运行 48 年的天然气管道，口径 660mm，长度 431km，其中大部分就地弃置，仅 25km 拆除。2014 年 11 月，加拿大 Enbridge 公司向国家能源局提出 3 号线更换(包括新管线的建设和旧 3 号线的废弃工程内容)申请，该管道已运行 55 年，口径 863mm，长度 1765km，拟定采取全线组合清洗后就地弃置的废弃方式。2016 年 11 月能源局批准了 3 号线的更换申请，目前该工程仍在实施过程中，该案例也是国外陆上废弃管道唯一应用组合清洗技术的案例。我国当前废弃的长输油气管道中，多数口径不超出 720mm，计划的处置措施主要是清洗后就地弃置，局部地段实施注浆或者拆除。目前尚无口径超过 900mm 的管道废弃案例。

　　随着我国 X80 管道的大量应用，未来超大口径管道的废弃处置问题不可避免。大口径管道是否存在不同于小口径管道的特别需求？这是管道运营商自然而然会提出的问题。因为大口径管道腐蚀塌陷后可能引发的地面沉降更加严重，发生导流问题时对环境的影响也更大，如果采用小口径管道的注浆填充处理措施，虽然可行，但是一方面注浆材料消耗量巨大，处置成本高；另一方面大口径管道强度高，是否有必要也是一个值得深入研究的问题。

　　实际上，大口径废弃管道的处置不仅涉及小口径管道面临的问题，而且涉及自身特有的问题。本章总结加拿大有关腐蚀、导流效应、涂层降解、交流干扰对废弃管道影响的研究成果，并基于管道坍塌后土壤沉降预测模型，给出大口径管道防塌陷注浆的填充率取值；综合我国海洋管道做法和污水处理标准，推荐残留物清洗洁净度指标取值，为我国未来大口径管道的科学合理处置提供支持依据。

10.2 注浆填充率取值分析

10.2.1 填充的必要性

从腐蚀对废弃管道的影响研究可知，管道因腐蚀导致结构强度降低以至于塌陷是一个相对缓慢的过程，而且塌陷后的沉降深度与管道直径和埋深密切相关，小到可忽略不计，大到需要采取一定的预防措施，通常是进行管道注浆填充。然而，对于大口径管道的填充，是否需要实现较高的填充率或者达到什么样的填充率合理是一个值得研究的问题。虽然一些情况不需要注浆填充防塌陷，但是由于缺乏相关研究，监管机构更倾向采取保守措施，这对于大口径管道的处置而言会造成极大的资源浪费。

本部分基于加拿大石油技术联盟的土壤塌陷模型，分析大口径管道注浆填充率取值，以期为大口径废弃管道的合理处置提供依据。

10.2.2 土壤塌陷建模

土壤塌陷通常发生在45°角平面上，因为这些平面上的切应力最高。假设管道的直径为"D"，埋深为"C"。土壤棱柱(prism)定义为沿45°线从管道的中心投影到地面的区域，如果管道垮塌，该土壤棱柱会下沉。

管道在垮塌前的几何形状和土壤状况如图10-1所示，这里只给出管道和土壤棱柱的横截面积，但实际几何形状是单位长度的体积。假设土壤棱柱下陷深度为"S"，同时为了简化计算，保守地假设管道垮塌后土壤流入管道的空腔中，并能够填满管道。管道在垮塌后的几何形状和土壤状况如图10-2所示[52]。

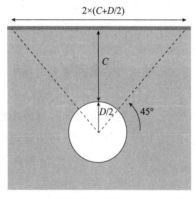

图10-1 管道在垮塌前的几何形状和
土壤状况示意

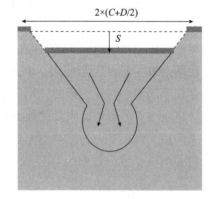

图10-2 管道在垮塌后的几何形状和
土壤状况示意

土壤可填充的管道面积为：

$$A_{pipe} = \frac{\pi}{4} \times D^2 \qquad (10-1)$$

管道上方沉降的土壤面积(梯形面积)为：

$$A_{soil} = \left[(2C+D) + 2(C-S) + D \right] \times S/2$$
$$= (2C+D) \times S - S^2 \tag{10-2}$$

管道垮塌前后土壤的体积相等，则有：

$$S^2 - (2C+D) \times S + \frac{\pi}{4}D^2 = 0 \tag{10-3}$$

由式(10-3)可得，土壤沉降深度为：

$$S = \frac{(2C+D) - \sqrt{(2C+D)^2 - \pi D^2}}{2} \tag{10-4}$$

通过将梯形简化为矩形，则土壤沉降深度可简化表达为：

$$S \approx \frac{\pi}{4} \times \frac{D^2}{2C+D} \tag{10-5}$$

对于大多数管道和土壤几何形状，式(10-5)的解略微乐观。对于较大口径(>1m)和较浅埋深(<1m)的管道，该解不太保守，建议使用式(10-4)求解。

10.2.3 管道填充后对土壤沉降深度的影响

当管道注浆填充后，管道垮塌后土壤沉降深度会相应地减少。为了说明管道填充高度与填充率的关系，分别计算管道填充至1/2 直径高度、3/4 直径高度和7/8 直径高度时对应的体积。假设管道直径为"D"，不同填充高度对应的效果如图10-3 所示。

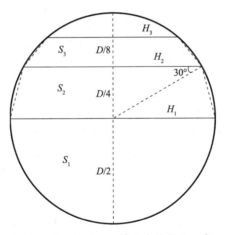

图 10-3 管道不同填充率的效果示意

已知单位长度的管道容积为 $V = \frac{\pi}{4} \times D^2$，当管道填充至1/2 高度至 H_1 时，S_1 空间所占的体积为 $V_1 = V/2$。当管道填充至 H_2 时，此时填充容积为：

$$V_2 = S_1 + S_2 \approx V/2 + \frac{2+\sqrt{3}}{16}D^2 = \left(\frac{1}{2} + \frac{2+\sqrt{3}}{4\pi} \right)V \approx 0.797V \tag{10-6}$$

当管道填充至 H_3 时，则填充的容积为：

$$V_3 = S_1 + S_2 + S_3 \approx \left(\frac{1}{2} + \frac{2+\sqrt{3}}{4\pi}\right)V + S_3 = \left(\frac{1}{2} + \frac{2+\sqrt{3}}{4\pi}\right)V + \frac{\sqrt{7}+2\sqrt{3}}{16\pi}V \approx 0.919V$$

$$(10-7)$$

由土壤沉降深度简化公式推导过程可知，沉降深度与管道体积近似成正比。那么，管道填充至 3/4 直径高度时，填充率约 80%，土壤沉降深度只有未填充前的 1/4；管道填充至 7/8 直径高度时，填充率约 92%，土壤沉降深度只有未填充前的 1/8。

10.2.4 管道填充率取值推荐

直径 1m 以上的大口径管道基本都为高强度钢，壁厚大，腐蚀塌陷引发地面沉降的风险很低，理论上可以不注浆。但是，国外一些监管机构一般均要求在高风险穿越处进行注浆填充处理。然而，注浆填充率达到多少合适，国际上并无统一要求，国内 SY/T 7413—2018 要求填充 93% 管容。这里通过分析给出推荐的最低填充率指标，为简化注浆处理过程提供支持依据。

研究表明，12in 的管道塌陷后引发的土壤沉降可忽略不计[1]。在典型埋深（1.2m）的情况下，根据模型可以预测 12in 的管道垮塌后引发的土壤沉降深度为 $S \approx \pi/4 \times 0.3^2/(2 \times 1.2 + 0.3) = 0.026m$，小于 3cm。实际上，从技术角度而言，口径超过 300mm 的管道引发塌陷的风险并非都高。加拿大 Enbridge 公司 3 号线管道（口径 863.6mm）废弃处置方案中分析了土壤沉降的风险，其结论对于制定大口径管道的填充率指标具有一定的参考意义。3 号线管道 2008 年的埋深调查显示，不到 3% 的管道埋深等于或小于 0.9m，超过 50% 的埋深大于 1.2m。Enbridge 公司据此预测，由于管道体积的完全损失和 100% 被土填充而导致的沉陷深度约为 15cm（或 6in）或更小。由于土壤沉降风险小，Enbridge 公司原计划对于穿越铁路、公路的管段不注浆填充，只是进行监测。但是，国家能源局从管理角度仍要求注浆填充。

从管道建设工程角度，埋地长输管道沿地面起伏铺设，管道注浆时，即使在不完全填充的情况下，仍会出现部分管段完全填充，而部分管段留有一定空腔的现象。因此，注浆填充后的管道上部空间并非都存在较大的空隙；穿越公路、铁路的管道一般均设有管涵，而穿越建筑物的管道，由于建筑物为整体性结构体，局部小范围的土壤沉降，几乎不可能造成建筑物大幅度倾斜。因此，穿越处管道完全腐蚀塌陷后并不一定引发严重的后果。此外，管道塌陷后土壤 100% 充满管道空间的假设比较理想，除非管道上部空间同时塌陷，否则难以填满整个管道空腔，因而沉降深度很可能会小于估计值。

综上所述，对于大口径管道，预期 15cm 的沉降深度风险较低。

不同直径和埋深的管道垮塌后产生的土壤沉降深度和地面沉降宽度估计值如表 10-1 所示。可见，埋深大于 0.9m 口径大于 0.9m 的各类管道，最大沉降深度约 60cm，如果管道填充率达到 80%，那么土壤沉降深度在 15cm 以内。同理，口径 1m 以内埋深 0.6m 以上的各类管道，填充率达到 50% 基本满足沉降深度小于 15cm 的目标。

表 10 -1　管道塌陷后的土壤沉降

埋深/m	沉降深度(cm)/地面宽度(cm)						
	管道直径/mm						
	508	610	762	914	1067	1219	1422
0.610	12.7	17.7	26.6	37.2	50.1	65.4	92.5
	173	183	198	213	229	244	264
0.914	9.03	12.6	19.0	26.5	35.2	44.9	59.9
	234	244	259	274	290	305	325
1.22	7.04	9.90	14.9	20.9	27.7	35.3	46.8
	295	305	320	335	351	366	386
1.60	5.55	7.83	11.9	16.6	22.1	28.2	37.4
	371	381	396	411	427	442	462

由此可见，注浆填充率达到93%是最为保守的指标值。在实际工程中，填充率达到50%~80%，对应(1/2~3/4)直径高度，即可满足大多数场合需要。

10.3　清洗洁净度指标取值分析

废弃油气管道包括的物质成分主要是钢材、涂层和内部残留物(输送介质和杂质等)。对于就地弃置的管道，管道因腐蚀而释放出的金属扩散的可能性较低，而且一般不会作为潜在的环境威胁。而管道涂层降解对废弃管道的健康和环境风险的贡献很低，并且不会超过目前正在运行的包含这些材料的管道所带来的风险[53]。

由此可见，就地弃置的废弃管道存在安全和环保风险的主因是内部残留物。而对废弃管道进行内部残留物的彻底清理，则是确保其安全环保处置的关键。

油气管道输送的介质不同，内部残留物也不同，残留物清理达到何种洁净程度，目前国际上尚无统一标准。从国外管道封存工程，国内陆上管道油改气工程、海洋管道登陆段的置换清洗工程可知：采用清管器与化学清洗剂相结合的组合清洗技术能够实现管道内壁残留物的彻底清理。对于最难清洗的原油管道而言，清洗后可实现冲洗水中油浓度为1.4~35mg/L。

我国海上油气设施废弃处置起步较陆上管道早，针对海底管道废弃处置的相关规定对于制定陆上管道的安全环保指标具有借鉴意义。

10.3.1　海底管道清洗质量指标

SY/T 6980—2014《海上油气生产设施的废弃处置》要求：海底管道废弃处置前，应进行清洗，并对海底管道端部进行封堵。

对于清洗质量指标，该标准在资料性附录B中指出：

(1)海上油气生产设施废弃处置作业前的清洗随废弃处置方式和拆除方式的不同而具

有不同的技术要求。

(2)如果海上油气生产设施废弃处置后改作油气生产继续使用,设施清洗后要求工艺设备、管线、容器内无油迹,且必须达到后续维修改造和正常生产的目的;对于其他形式的改作他用和异地弃置,清洗后不会对环境产生污染且能够满足后续废弃处置作业要求即可,垢层、腐蚀产物等可根据情况不需要去除。

(3)海上油气生产设施清洗完成后,设备、容器及管线内有毒有害物质须满足 GB/T 50493—2019《石油化工可燃气体和有毒气体检测报警设计标准》及 GBZ 2.1—2019《工作场所有害因素职业接触限值 第 1 部分:化学有害因素》的要求。

对于清洗废弃物的处理,SY/T 6980—2014 规定:为保护平台所在海域的环境,清洗废液推荐采用就地回注的方式(在平台上有注水系统可以利用的前提下),处理不掉的废液及固体垃圾拉回岸上集中处理。如确需排放,需满足 GB 4914—2008《海洋石油勘探开发污染物排放浓度限值》的要求。GB 4914—2008 规定,在一级海域里排放生产水中的石油类浓度不超出 20mg/L(月平均值),在二级海域里排放生产水中的石油类浓度不超出 30mg/L(月平均值),在三级海域里排放生产水中的石油类浓度不超出 45mg/L(月平均值)。

10.3.2 陆上废弃管道清洗指标取值

陆上废弃油气管道中,原油管道的残留物最难清理,当前采用清管器与清洗剂结合的组合清洗技术是实现管道高洁净度清洗的可行技术。SY/T 7413—2018《报废油气长输管道处置技术规范》规定:废弃管道残留物清理应达到内壁无油无蜡、无积液、可燃气体检测满足火焰切割条件的洁净程度。该清洁度指标主要从避免废弃管道爆炸及对土壤污染的角度规定,其中满足火焰切割的规定间接对可燃气体浓度提出了量化要求。考虑组合清洗时,如果采用的清洗剂是环保型的,而冲洗水水质环保性有保障,那么管道清洗后产生的废液中,石油类含量将是影响洁净度的关键指标。通过检测清洗后排出的冲洗水中油含量的浓度,可以量化评估清洗后的洁净度。

然而,当前国际上尚无废弃管道清洗洁净度的统一指标。实际操作过程中,以达到当地环保或者监管部门要求为宗旨。在没有监管要求的情况下,出于对管道公司长远利益的考虑,就地弃置的管道应进行残留物清理,达到不再含有任何液体、固体或者油污等残留物的洁净度,在技术工艺允许的情况下越洁净越好,避免未来管道腐蚀破裂,导致介质泄漏造成土壤和地下水污染,甚至第三方人为破坏后引发安全事故;拆除废弃的管道同样应达到一定的清洁度,这样可以降低拆除期间土壤和地下水污染的风险,减少与管道拆除相关的危害(如挥发油气对人体健康的危害),同时有助于提高管道切割效率。

对于我国陆上管道,借鉴海洋管道的做法,若清洗后的废液由污水处理厂处置,则石油类含量不宜超过 20mg/L;若清洗后的冲洗水达到直接排放的要求,其中的石油类含量宜达到 10mg/L,该指标取值依据如下:

(1)GB/T 31962—2015《污水排入城镇下水道水质标准》对排入城镇下水道污水中的石

油类含量，最高要求达到10mg/L。

(2)GB 8978—1996《污水综合排放标准》规定：排入设置二级污水处理厂的城镇排水系统的污水，执行三级标准，对应石油类污染物浓度为30mg/L；排入 GB 3838—2002《地表水环境质量标准》Ⅲ类水域(划定的保护区和游泳区除外)和排入 GB 3097—1997《海水水质标准》中二类海域的污水，执行一级标准。排入 GB 3838—2002 中Ⅳ、Ⅴ类水域和排入 GB 3097—1997 中三类海域的污水，执行二级标准。一、二级标准对应石油类污染物浓度均为10mg/L。

需要说明的是，上述推荐清洁度指标是兼顾安全和环保要求的取值。单纯从残留物无安全风险的角度讲，以原油管道为例，组合清洗后即使冲洗水中油含量为79mg/L，管道内壁仍然可达到无油无蜡、可燃气体浓度测试为0(连续4d密闭后测试)的程度[54]。

第11章　管道废弃处置的特殊考虑

> **导　读**
>
> 　　管道废弃时，如果管道是多氯联苯(PCBs)或天然放射性物质(NORM)的潜在来源，则会对拆除操作及处置管道和污染物的设施造成影响。如果管道就地废弃，则 PCBs 或 NORM 可能会沿着管道内部或沿管道路径流动，从而传播污染物。在这两种情况下，为确保合规性，管道公司需要在废弃时了解特定污染物的允许阈值标准和当前的法规要求，以便针对上述污染物采取合理处置措施。本章介绍了典型国家和组织在上述污染物管理方面的要求和处置做法，并结合我国油气管道的发展历史，分析其对国内油气管道废弃的影响可能性，促进管道废弃业务人员对此类问题的认识。

11.1　废弃天然气管道中的 PCBs 问题

11.1.1　PCBs 简介

PCBs 是联苯在不同程度上由氯原子取代后生成的有机化合物的总称，共有 209 种同系物[55]。由于联苯的氯化程度不同，氯原子取代数可以是 1~10 个，相应的含氯量为 18.8%~70%。PCBs 是一种无色或浅黄色的油状物质，具有良好的化学稳定性、热稳定性、阻燃性、导热性、绝缘性，由于其性能稳定，自发明并实现工业生产以来被广泛应用于多种生产领域，如变压器、电容器的绝缘油，液压系统的传压介质，导热系统热载体，以及润滑油、涂料、印刷墨水、塑料、树脂、橡胶、油漆的添加剂等。但因其具有毒性、致癌性、生物累积性、持久性、疏水性和长距离迁移能力等，对人类的健康和生态环境也造成了严重的威胁[56]。

1968 年日本"米糠油事件"后，人们开始关注 PCBs 的环境污染问题，世界各国陆续停止了 PCBs 的生产和使用。我国从 1965 年开始生产 PCBs，到 1974 年停止生产，其间共生产约 9000t 三氯联苯和约 1000t 五氯联苯。其中三氯联苯主要用作电力电容器的绝缘介质，五氯联苯主要用作油漆的添加剂。另外，据调查，在从其他国家进口的电气设备中也存在含有 PCBs 的变压器、电容器等装置[57]。我国于 20 世纪 70 年代中后期停止生产和进口以 PCBs 为介质的电气设备[55]。北美在 1977 年禁止了 PCBs 的制造，并且在 1985 年规定将

PCBs 释放到环境中是违法的[58]。2001 年 5 月 22 日在瑞典斯德哥尔摩通过了《斯德哥尔摩公约》(POPs 公约)，PCBs 成为首批被列入 POPs(持久性有机污染物)公约的受控物质之一。POPs 的环境危害主要表现在对免疫系统、内分泌系统以及生殖的毒性、致癌作用及其他毒性，PCBs 是典型的氯系 POPs，其污染越来越受到人们的重视。

11.1.2 天然气管道的 PCBs 来源

过去，燃气轮机和空气压缩机中使用的液压油/润滑油都含有 PCBs。这些油因其绝缘性能、阻燃性和润滑性能优异而被使用，但在使用过程中会散溢出 PCBs，从而成为污染源。来自空气压缩机的空气用于天然气压缩机，从而使 PCBs 污染得以扩散。即使进行了有效的清管，PCBs 仍会在一些气体输送管线中存留[58]。压缩机站中使用含 PCBs 的润滑油可使 PCBs 吸附到机壁、机底，管道，发动机的涂层和土壤上。由于润滑油通过压缩机密封件泄漏，并与形成的液体冷凝物一起在管道中流动，从而造成天然气管道的 PCBs 污染。

11.1.3 美国的 PCBs 管理要求

美国自 1976 年 4 月 1 日发布第一个有关 PCBs 的法规以来，到 2007 年 5 月共发布了 169 项有关 PCBs 的法规及通知，最终形成了以《超级基金法》和《有毒物质控制法》为基础，40 CFR Part 761 PCBs 专项法案为主体的控制 PCBs 污染的法律管理体系[59]。

本节主要以 PCBs 监管比较完善的美国为例说明国外的监管要求。

1. PCBs 的来源

PCBs 是合成有机化学品的混合物，从 1929 年以来，广泛应用于各个行业，直到 1979 年美国禁止 PCBs 的生产、加工、分销和使用。美国约占世界 PCBs 产量的 1/2，进口了其他国家生产的其余 PCBs 的约 50%(减去出口)。PCBs 在美国生产和销售，商品名为 Aroclor(孟山都化学公司生产)和 Pyranol(通用电气公司生产)。出于健康考虑，1971 年孟山都自愿将 PCBs 的生产限制为只能在封闭系统中使用，并于 1977 年停止了 PCBs 制造，但是 PCBs 仍继续进口到美国，直到 1979 年美国禁令生效。尽管 PCBs 在美国的商业用途受到限制，但由于它们非常稳定，仍然是常见的环境污染物[60]。

美国 PCBs 在各领域使用的比例大致如下：
- 密闭系统和传热流体(变压器、电容器、荧光灯镇流器等)：60%。
- 增塑剂：25%。
- 液压油和润滑剂：10%。
- 杂项用途：5%。

2. 相关法律法规

美国涉及 PCBs 的法律法规主要有《有毒物质控制法》和联邦法规第 40 篇第 761 部分。1976 年《有毒物质控制法》(TSCA)赋予环境保护署(EPA)要求报告、记录保存和测试，以及与化学物质和/或混合物(包括 PCBs)有关的限制的权力。TSCA 通常排除某些物质，包括但不限于食品、药品、化妆品和杀虫剂，致力含有多氯联苯、石棉、镭和铅基涂料在内的特定化学品的生产、进口、使用和处置。

1976 年《有毒物质控制法》第 6(e)条要求 EPA 颁布有关多氯联苯生产、使用和处置的法规。从 1978 年开始，EPA 颁布了一系列法规，对 PCBs 的使用及其处理、存储和处置进行了严格控制。最终于 1979 年根据《有毒物质控制法》禁止生产、加工、分销和使用多氯联苯。如变压器和液压油之类的物品被确定为高风险来源，并且旨在加速淘汰。1998 年 6 月 29 日，PCBs 处置修正案(按行业命名为 Mega – Rule)在《联邦公报》上发布，即联邦法规(CFR)第 40 篇第 761 部分——多氯联苯(PCBs)的制造、加工、商业分销和使用禁止。该期待已久的法规涵盖了 80 多项变更，以下是修订中的一些重要变更内容：

- 增加了授权使用某些 PCBs 的规定；
- 授权用于研发活动的 PCBs 生产、分销和使用；
- 授权用于 PCBs 清理和处置的其他选项；
- 建立标准和程序来管理"PCBs 修复废物"(主要源于溢油清理)和"PCBs 散装产品废物"(源自制造产品)；
- 建立确定非多孔材料的 PCBs 浓度和使表面与体积浓度相等的方法；
- 指定用于重复使用的 PCBs 项目的管理控制规范；
- 建立一种在联邦计划之间协调 PCBs 管理批准的机制。

其他许多更改和说明也适用于 PCBs 分析、标记、记录保存、报告和请求豁免。

3. 管道 PCBs 污染补救计划的发展历程[61]

(1)问题的提出

1981 年，EPA 在纽约长岛的天然气管道分配系统中发现了 PCBs。当时，EPA 在美国发起了广泛的管道测试计划。EPA 确定 24 个主要州际输送管道系统中的 13 个曾暴露于浓度超过 50×10^{-6} 的 PCBs。EPA 总部于 1981 年与这些公司建立了合规性监控计划，这些公司授权在系统中使用浓度大于 50×10^{-6} 的 PCBs，以换取参与控制 PCBs 向其他系统迁移并适当处置从管道排出的 PCBs 液体的计划。

1987 年，EPA 与 FERC 签订了谅解备忘录，要求 EPA 批准参与 1981 年总部合规监控计划的 13 家公司中的任何一家提出的所有废弃和拆除项目。1988 年，EPA 推定任何暴露于 PCBs 浓度超过 500×10^{-6} 的州际天然气管道系统都将被视为 PCBs 污染浓度大于 500×10^{-6} 的 PCBs 物品。该推定的理由是，由于 PCBs 在州际天然气系统中是可移动的，因此 PCBs 污染的具体位置可能会随时间变化。EPA 之所以形成这种假设，目的是确保不再使用的管道、废弃的管道或拆除的管道可以重复使用或处置，但不会对人类健康或环境造成不合理的风险。

由于 EPA 假设公司的整个系统受到 PCBs 污染，除非公司能够证明无污染，否则 FERC 会例行地将所有管道拆除或弃置提案转交给 EPA，以确保相关公司遵守 EPA 的 PCBs 法规。

但是，在制定 PCBs 法规时并未考虑管道污染问题。这导致 EPA 与管道行业之间的一系列误解、分歧和解释问题。因此，自 1988 年以来，常规的管道更换和建设项目一直处于停滞状态，等待 EPA 的指导。这种不确定的情况也危及了为新市场服务的管道扩建项目。如果管道运营商被迫遵守 EPA 当前解释的 PCBs 规定，那么该行业的成本很容易超过 20 亿美元。

为了符合 PCBs 法规的精神和意图，同时适应天然气管道行业的独特运营和设施，该行业决定制订并向 EPA 提供通用补救计划。如果 EPA 能够接受这样的计划，将大大降低日常管线拆除、处置和废弃工作的成本，并为行业和 EPA 提供明确的指导。为了准备最佳计划，业界决定由与 EPA 有毒物质办公室合作方面经验丰富的 PCBs 法律专家来协助制订和谈判通用补救计划。

（2）制订行业通用补救计划

在 1989 年末和 1990 年初，一个行业任务组与承包商合作，评估了 PCBs 问题的严重程度，制订了一个行业通用补救计划。补救计划中管道部分的关键是行业的立场，即必须鼓励大口径管道的重复使用，以实现减少废物的全国目标，并保持污染物处置设施的能力，以满足适量废物的处置。另外，如果管道不能重复使用并且必须进行处置，将会产生重大的经济损失。根据管道口径的不同，回收的管道每英里可获利 20000 ~ 65000 美元。如果处置管道，这笔收入将损失。在 20 世纪 90 年代，在化学废物掩埋场处置 1mile 的管道，加上运输和税收费用，成本总计超过 160000 美元。如果加上采样成本和回收收益损失，大口径管道每英里需要处理的成本很容易超过 200000 美元。此外，由于 28mile 长的 20in 直径的管道重 5000t，并占据超过 300000ft³ 的空间，因此将浪费稀缺的化学废物掩埋场。

由于该行业每年平均要更换或废弃管道约 700mile，因此必须实施合理且具有成本效益的计划。为实现这一目标，美国州际天然气协会（INGAA）的拟议计划要求 EPA 放弃其长期存在的不可推翻的假设，即整个管道系统都被 PCBs 污染，因此要进行焚化、化学垃圾填埋处理或等效于这些方法的替代技术处置。该计划建立了一种不太费力且成本较低的方法来表征管道污染的程度和水平，一种在指定位置替换管道以便进行重新利用或者废弃的归类解除方法，以及对不符合立即再利用或废弃资格的管道进行去污的程序。

拟议补救计划中针对空压机部分的目标是让 EPA 修改其泄漏清理政策，以顾及天然气输送行业的独特设备和运营。此外，它将提供全国统一的政策，以取代目前的 EPA 做法，即允许每个地区解释并执行其认为合适的泄漏清理政策。

与 EPA 工作组的首次会议表明，人们认识到问题的范围需要在 EPA 内部进行特别考虑，但不愿明显偏离已发布的法规。尽管 EPA 的工作人员承认法规是针对电气行业制定的，并未充分解决管道行业的问题，但对于任何看似有利于管道行业的法规偏差，仍不愿接受国会监督听证会或公众指责。

之后，EPA 工作组成员对管道设施进行了实地参观，清楚地认识到问题的严重性，意识到无法合理地焚烧大口径管道和辅助设备或将其放置在稀缺的化学垃圾填埋场中，进而表现出更加合作的态度，并开始进行更认真的谈判。

（3）之后的情况

EPA 工作组表示相信，空气压缩机问题不像管道更换和废弃问题那么严重或紧迫。因此，他们计划首先将有限的资源集中在最严重的问题上，并将以较小的可定义步骤解决。

EPA 小组同意将重点放在该行业的最高优先事项上。EPA 不可抗拒的立场是：如果管道系统的任何部分在任何时候都含有 PCBs 污染的冷凝物，则该公司的整个管道系统都将被视为 PCBs 污染。这将需要焚化，化学垃圾填埋处理或经 EPA 批准的替代处置技术进行更换，而弃置将被视为非法处置。

1990 年 9 月，EPA 制作了一份技术指导文件，随后在 1991 年 2 月进行了修改，以对管道系统的各个部分进行归类解除。EPA 放弃不可辩驳的假设是一项重大且节省成本的突破，这将使那些系统污染很小的公司可以向 EPA 证明其整个系统不是 PCBs 制品。一旦被 EPA 批准，公司将能够采取常规的更换、废弃、销售和处置措施，而不会受到 EPA 或 FERC 的进一步阻碍。该指导文件主要基于 INGAA 通用补救计划中概述的建议和程序。

目前，PCBs 污染超过 500×10^{-6} 的 PCBs 物品可在 40 CFR 761.70 批准的焚化炉中，在 40 CFR 761.75 批准的化学废物填埋场中处置，或采用 40 CFR 761.60(e) 批准的替代销毁方法处置。EPA 已向两家州际天然气管道公司授予了替代销毁方法的许可；PCBs 污染在 $50 \times 10^{-6} \sim 500 \times 10^{-6}$ 的 PCBs 制品必须检查其是否存在自由流动的液体。如果存在，则必须按照 TSCA PCBs 处置 PCBs 液体的规定将其清除并处置。自由流动的液体可通过清管、排水、干燥、抽吸和其他方式去除。然后，干燥的制品不进行处置监管[40 CFR 761.60(b)(5)]。PCBs 污染小于 50×10^{-6} 的 PCBs 制品通常不予监管处置[40 CFR 761.1(b)]。

4. 州际天然气管道系统归类解除的技术指导

（1）归类解除背景

自从 EPA 确立了 500×10^{-6} 的推定值以来，受到该推定影响的几家州际公司向 EPA 表示，其系统的大部分从未暴露于大于 50×10^{-6} 的 PCBs 污染。EPA 已审查了许多此类声明，并确定对于某些公司，有足够的证据支持这些声明。当 EPA 确定存在足够的证据时，对从未暴露于 50×10^{-6} PCBs 污染（以下简称未污染）的系统部分进行归类解除。对这些部分的归类解除会导致其不受管制，但要接受 EPA 的相反证据才能处置。

截至 1990 年 7 月，EPA 已对 3 个州际天然气管道系统的部分内容进行了归类解除。EPA 认为，归类解除是对管道未污染部分监管最有效的方法。

归类解除不同于提供统计上有效的证据来驳斥推定，归类解除的目的是识别管道系统中未被污染的部分。用统计上有效的证据驳斥该推定的目的是验证系统中暴露于 50×10^{-6} 以上的 PCBs 污染（以下简称污染）的部分现在低于规定水平或已排出自由流动的液体。

（2）归类解除不适用的情况

归类解除不适用于天然气管道系统的所有未污染部分。

归类解除也不适用于配置不相对线性的州际天然气管道系统。从供应流的主要干线中分支出来的管道系统可能很难分析 PCBs 的存在或确定系统内可能的迁移路径。

对于采样信息不足以使 EPA 推断该区域未受污染的任何区域，归类解除都是不合适的。为归类解除而提供的信息的真实性和准确性对于确定所检查的管道部分未被污染至关重要。如果在确定管道系统的一部分未被污染后，EPA 收到了与确定结果相抵触的信息，则 EPA 可能会自行决定要求进行额外采样以维持判定结果或推翻判定并将该部分重新分类为受污染。

（3）适用归类解除的情况

所有满足阈值标准的属于 1981 年总部合规性监控计划一部分的州际天然气输送公司均可使用归类解除。一旦满足所有阈值标准，EPA 将审查该申请以解除归类。阈值标准如下：

1）系统的配置必须是相对线性的，只有很少的服务分支。

2）系统的该部分在历史上和目前的 PCBs 污染水平较低（低于 50×10^{-6}）。这部分永远不会暴露于浓度超过 50×10^{-6} 的 PCBs 污染。

3）历史上曾被浓度为 50×10^{-6} 或者超过该值的 PCBs 污染的系统的下游部分不能解除归类。

（4）归类解除必须提供的信息

当州际天然气管道公司可以进行归类解除时，该公司应向 EPA 提交足以证明其受审查系统未受污染的信息。EPA 建议的信息至少包括：

1）公司主干线和支线系统清楚、详细的地图，其中显示了天然气压缩机的位置、英里标杆、互连处、交换点、计量站、附近的城镇、乡镇、城市和其他市区。该地图应清晰。

2）与其他州际天然气公司互连的清单，指示天然气是否来自或者流向其他州际公司，或互连是否仍处于活动状态，如果处于非活动状态，说明互连处于非活动状态的日期；同样，如果存在互连造成 PCBs 污染的可能性，则应采取哪些步骤确保 PCBs 不会从其他州际公司迁移到正在申请的州际公司（安装过滤器隔板）。

3）1981 年合规性监控计划完成所有 PCBs 采样和测试的列表，其中包括系统污染部分相对于要考虑归类解除部分在地理上的位置摘要。该列表应按地理位置和时间顺序排序。首先，列表应从上游的最远点向下游的最远点进行。其次，在每个采样点，列表应按时间顺序排列，包括采样日期、采样位置、样品中的 PCBs 浓度（仅列出含量低于 50×10^{-6} 的样品是不够的）、所用测试的检测限值、进行测试的实验室名称及从中提取样品的设备的类型（如洗涤塔、弯头、滴液箱）。

4）第二个清单应与第 3 项中的清单类似地排序和组织，但应仅包括最近（从 1988 年至今）在拟议归类解除的系统部分所有主要管段的 PCBs 采样和测试。最近的采样信息应每个位置至少包含两个采样。在每个采样点，列表应按采样时间顺序包括样品的日期和位置，样品中的 PCBs 浓度，所用测试的检出限值，进行测试的实验室名称和从中抽取样品的设备类型（如洗涤器、弯头、滴液箱）。

5）公司认为有助于协助 EPA 确定所考虑的系统部分的任何其他信息。如果申请无法提供足够的证据证明未被污染，EPA 可能会拒绝批准无法归类解除的申请。作为拒绝的替代方法，EPA 可能会在完成附加采样等条件后予以批准。

5. 天然气管道 PCBs 的处置要求

天然气管道系统大多数报废和处置规定适用于管道中 PCBs 浓度小于 50×10^{-6} 的情况。对于受 PCBs 污染(PCBs 浓度大于或等于 50×10^{-6} 且小于 500×10^{-6})的管道,美国 EPA 有一套适用的就地废弃和拆除要求,详见 40 CFR 761。管道运营商必须通过分析在天然气管道系统中现有冷凝物收集点采集的有机液体,来表征管道是否受到 PCBs 污染。如果存在有机液体,则运营商必须排出自由流动的液体,收集标准擦拭样品,并使用气相色谱法对其进行分析。

"标准擦拭样品"通常是指使用已浸入己烷的已知尺寸的纱布或玻璃棉垫,擦拭 $10\mathrm{cm} \times 10\mathrm{cm}(100\mathrm{cm}^2)$ 的样品区域。样品垫将事先在实验室或其他受控环境中制备,并密封在玻璃小瓶中,直到用于擦拭测试为止。可从纽约天然气实验室等处获得标准擦拭样品套件。

在退役的管道系统输送完最后一批天然气后,应在短期内收集冷凝物样品,擦拭样品应在最后一次输送天然气之后或运输天然气的位置拆除期间采集。必须根据以下步骤确定多相液体有机相的 PCBs 浓度:

• 非液体管道中 PCBs 浓度的样品必须以干重为基础确定。

• 确定液体或液体多发管道中 PCBs 浓度的样品必须以湿重为基础。质量分数超过 0.5% 的非溶解物质的液态 PCBs,应作为多相非液态/液态混合物进行分析。

• 当测定含有 PCBs 和非溶解性非液体材料样品的 PCBs 浓度不小于 0.5% 时,必须将进入非液体 PCBs 和液体 PCBs 的非溶解材料分开。对于多相非液体/液体或液体/液体混合物,必须在化学分析之前分离各相。分离后,应以干重为基础确定每个非液相中的 PCBs 浓度,以湿重为基础分别确定每个液相中的 PCBs 浓度。

• 处置多相非液体/液体或液体/液体混合物时,除非另有说明,否则必须使用适用于 PCBs 浓度最高的单相的 PCBs 处置要求。或者,分离多相液,使用适用于每种分离的单相材料的 PCBs 处理要求进行处理。

6. 明尼苏达州天然气管道 PCBs 管理做法[62]

在明尼苏达州,PCBs 同时受到以下两套法规的约束:

1)美国 EPA 管理的《有毒物质控制法》。

2)明尼苏达州污染控制局(MPCA)管理的《明尼苏达州危险废物规则》。

只要满足以下监管要求,可以继续使用含 PCBs 的天然气分输系统。

(1)管道积液的处置要求

1)从管道和分配设备中清除的积液。

管道积液由冷凝的天然气碳氢化合物、水及使用过的润滑和防腐蚀的油和液体的混合物组成,这些积液在天然气管道和分配设备中积聚,需要清除。

在明尼苏达州,这些积液被认为是潜在的 PCBs 有害废物。在测试前,可在现场收集和混合来自不同天然气分配设备的天然气管道积液;但是,如果无法确定混合物中不含

PCBs，则必须假定所有这些设备均被 PCBs 污染。在测试了积液并证明其未被 50×10^{-6} 或更高浓度的 PCBs 污染之前，请勿将这种废液与燃料、车辆用过的机油或其他物质混合。

EPA 将可从天然气管道或设备中清除管道积液的点分为以下两类：

①潜在的来源——压缩机、洗涤塔、过滤器和互连处。

②少量液体冷凝物的收集点——阀门、干线和站场积液器、滴油量检测装置、段塞流捕集器和清管器收发球筒。

2）未测试或含有 50×10^{-6} 或更高浓度 PCBs 的管道积液。

如果管道积液未经测试或含有 PCBs 浓度为 500×10^{-6} 或更高，将其作为 PCBs 废料处理；如果管道积液中的 PCBs 浓度为 $50 \times 10^{-6} \sim 500 \times 10^{-6}$，则将其作为 PCBs 污染的废物进行管理。

由于液体会通过天然气管道不可预测地移动，因此不能认为从先前确定不含 PCBs 的采样点排出的积液仍然不含 PCBs，应测试从天然气管道和设备中排出的所有积液。

3）PCBs 含量低于 50×10^{-6} 的管道积液。

管道业主可以管理含有 PCBs 含量低于 50×10^{-6} 的天然气管道积液，但是该液体仅能被许可的燃烧炉作为不合格的废油燃烧。

如果管道中的积液不含可检测浓度（低于 2×10^{-6}）的 PCBs，并且符合所有其他废油规格，则可以将积液作为符合规格的废油进行管理。不含可检测 PCBs 的管道积液，在原油蒸馏或催化裂化之前的某个时间点注入原油管道或炼油厂后，免除废油要求。

（2）使用已清除含 PCBs 液体的管道

如果管道业主通过管道出售或分配天然气给他人，则需满足如下要求；否则，无须满足步骤 1）~6）的要求即可继续使用管道，但是需满足所有其他要求。

如果管道中唯一的潜在来源是与天然气供应商的互连，则：

● 如果业主控制互连，则必须遵循以下步骤 1）~6）。

● 如果业主的供应商控制互连，则仅满足步骤 5）和步骤 6）。

如果业主通过管道出售或分配天然气给他人，在从管道中清除 PCBs 或受 PCBs 污染的积液后：

1）按照标记 PCBs 设备的要求标记清除积液的位置。

2）在发现后的 120 日内，对管道的上游和下游进行采样，以确定污染程度。

3）在完成步骤 2）的 120 日内，从发现 PCBs 或 PCBs 污染液体的最远下游点开始，对上游所有潜在来源进行采样。

4）在完成步骤 2）的 365 日，实施工程措施（如更换设备、清管、在线过滤，或拆卸和净化）直到排出 PCBs 或受 PCBs 污染积液的所有采样点的 PCBs 浓度降低到小于 50×10^{-6} 的程度。

5）完成步骤 4）后，如果没有拆除受污染的管道或设备，请至少每年重复采样一次，直到相隔至少 180 日的两个连续样本显示以前受污染的管道保持在 50×10^{-6} PCBs 以下。

6）保留步骤 2）~5）的记录至少 3 年。

(3)PCBs 采样

对可能受到 PCBs 污染的管道积液或设备进行采样的员工或承包商应使用适当的个人防护设备，明尼苏达州职业安全与健康管理局（MNOSHA）对个人防护装备的选择可提供帮助。

如果管道或设备中包含积液，则测试积液中 PCBs 的总浓度。

如果管道或设备中没有足够的积液进行采样，并且业主采样管道用于以下目的：

●继续使用，则业主可以简单地记录没有积液，并在下一个要求的采样间隔再次检查管道或设备。

●处置，则使用擦拭样品确定 PCBs 的存在。在获得 EPA 批准的情况下，如果业主将结果转换为相当于 $100cm^2$ 采样面积的情况下，则可以对小于 $100cm^2$ 的表面积进行采样。表面浓度低于 $10\mu g/ 100cm^2$ 的管道和设备不被视为含 PCBs 或受 PCBs 污染管道和设备而监管，等效 PCBs 浓度低于 50×10^{-6}。

(4)重复使用或处置管道或设备

由于液体在天然气管道中零星地流动且无法预测，因此不应依赖仍在使用管道时采集的样本来确定其 PCBs 状态。在断开所有管道与气流的连接后，应对管道进行测试，以确定如何对管道进行监管以便再利用或处置。

当存放（用于处置或重复使用）未经测试或已知 PCBs 或 PCBs 污染的管道或设备时，需遵循 http：//www. pca. state. mn. us/publications/w – hw4 – 48c. pdf 里"存储 PCBs"中的要求。

处置或净化未经测试或已知含 PCBs 的管道和设备。

如果清除所有自由流动的液体，则可以在天然气管道、石油管道、完全封闭的压缩空气系统、灌溉系统或污水系统或工业结构材料中重复使用受 PCBs 污染的已知管道和设备。但是，MPCA 建议考虑重新使用管道或设备的潜在交叉污染，以及由此带来的损失是否超过重新使用所带来的好处。

如果清除所有自由流动的液体并对管道两端密封，则可以将被 PCBs 污染的天然气管道就地废弃。

管道业主可以就地废弃任何未测试或者已知 PCBs 污染的天然气管道，前提是清除所有自由流动的液体，管端封闭，并且：

●对于内径为 4in 或更小的管道，使用明尼苏达州"一呼通"列出废弃的管道位置，或者用灌浆或高密度泡沫将管道填充至其 1/2 以上的体积。

●对于内径大于 4in 的管道，使用认可的溶剂对管道内部进行清洁，或者用灌浆剂或高密度泡沫将管道填充至其体积的 1/2 以上。如果管道业主选择填充管道以废弃它，请在地表水下的任何部分使用水泥作为填充材料。

11.1.4 中国的 PCBs 管理要求

中国对 PCBs 的污染问题非常重视，自 20 世纪 70 年代就下发了有关规定。原第一机械部于 1974 年宣布不再制造含有 PCBs 的电容器，1979 年国家又规定不再进口以 PCBs 为介质的电气设备。1991 年国家环境保护局和能源部发布规定，强调各级环保部门必须对 PCBs 电力装置进行封存，封存年限不超过 20 年。同年 6 月，国家技术监督局和国家环境保护局发布了 GB 13015—1991《含多氯联苯废物污染控制标准》，规定含多氯联苯废物污染控制标准值为 50mg/kg。2001 年 5 月，包括中国在内的 150 多个国家联合签署了《关于持久性有机污染物的斯德哥尔摩公约》，该公约规定禁止使用 PCBs 在内的 12 种高毒化学品。为推进国家履约进程，制定我国削减和处置 PCBs 的国家战略规划，中国政府与世界银行、全球环境基金、意大利政府等国家和国际组织合作，率先开展了 PCBs 清单调查和处理处置示范工作[57]。

2017 年，环境保护部和国家质量监督检验检疫总局发布了 GB 13015 的修订版，修订内容主要包括：重新定义了含多氯联苯废物；增加了含多氯联苯废物类别规定，以及清理、包装、无害化处理处置、环境监测、安全防护与事故应急的要求；增加了水泥窑协同处置含多氯联苯废物的污染控制技术要求；更新了含多氯联苯废物的监测分析方法。由此可见，新版标准规定了含多氯联苯废物的类别，以及含多氯联苯废物清理、收集、包装、运输、暂存、贮存及无害化处理处置全过程的环境保护要求。

我国基本形成了以《中华人民共和国固体废物污染环境防治法》为基础，相关行政法规、部门规章和环境标准等为配套实施手段的危险废物管理体系。但是，我国危险废物管理过程中侧重末端无害化治理，危险废物的源头预防和资源利用的管理较弱[63]。

目前，我国有 20 多项 PCBs 相关的标准，但是多数为 PCBs 物质的检测标准，涉及多氯联苯废物处置的标准只有两项，即 GB 13015—2017《含多氯联苯废物污染控制标准》和 HJ 2037—2013《含多氯联苯废物焚烧处置工程技术规范》，缺乏针对油气行业特有的标准和法规要求。

11.1.5　PCBs 污染物的处置方法

PCBs 污染物的处置手段主要分为焚烧法、水泥窑焚烧法、安全填埋法、化学降解法、物理降解法和生物降解法等。其中焚烧法、水泥窑焚烧法和安全填埋法是国际上工业化应用较好的处置技术。焚烧法应用最广泛，工艺比较成熟，处理量大，效果稳定，可以处理固体、液体、淤渣和泥浆等多种形式污染物；水泥窑焚烧法是在水泥生产过程中，利用水泥回转窑焚烧处置少量的 PCBs 废弃物和其他危险废物；安全填埋法是处置危险废物常用的方法之一，工程投资与运行成本相对较低，工艺及设备相对简单，也是其他处置方式残渣的最终和必不可少的处理手段[64]。

在目前现有国情条件下，焚烧法是最适宜的 PCBs 处置技术。对高浓度 PCBs 污染物，或低浓度污染物具备经济条件或处理量较大，宜采取专用焚烧炉焚烧处置。对低浓度污染物，在不具备经济条件且处理量不大的情况下，可考虑利用水泥窑焚烧法或安全填埋法进行处置，并且参考就近处理的原则。

11.1.6　影响分析

我国有针对 PCBs 的通用控制标准，但是并未虑油气管道的特殊场景，也缺乏针对该行业的详细法律法规监管要求。就油气管道废弃处置而言，由于我国油气管道发展起步晚，且输气管道存量相对较小，处置 PCBs 污染输气管道的做法可以借鉴美国。国外目前尚无废弃管道发现 PCBs 污染的案例，我国 1974 年停止生产 PCBs，基本与油气管道发展的时期同步，预计 PCBs 污染问题并不严重。但是，需要开展相关的研究工作，明确我国输气管道是否存在 PCBs 污染或者 PCBs 含量是否超过 50mg/kg 的标准，并就可能存在污染超标的情况，制定出具体的废弃处置要求。

11.2　废弃油气管道中的 NORM 问题

11.2.1　NORM 简介

天然存在的放射性物质（Naturally Occurring Radioactive Materials，NORM），即自然含有一种或多种放射性同位素（也称放射性核素）的物质。

自然界中几乎到处都可以找到 NORM，它存在于空气和土壤中，甚至存在于我们身体内（如放射性钾）。在美国，普通人每年受自然来源的照射约 360mrem，该照射水平的 80% 以上来自背景辐射源。消费品每年贡献 10mrem，而在砖砌建筑中生活或工作每年可以增加 70mrem。每天抽一包半烟的人的照射量每年增加 8000mrem，而假瓷牙可能会使人的照射水平每年再增加 1600mrem。

通常，较低水平 NORM 照射带来的健康风险低。但是，涉及含 NORM 或受 NORM 污染的材料的提取、开采、（冶炼前）预处理、加工、使用、转移、运输、储存、处置和/或回收的活动可能会使工人和其他人员的照射水平提高到令人关注的水平。如炼油、天然气开采、水处理和采矿等人类活动可以改变自然本底辐射[65]。

11.2.2　油气工业中的主要放射性源及元素

1981 年某一天，设置在北海油田采油平台上的数台盖革计数器突然响了起来，起初人们以为由测井用放射源密封装置破损引起，经专家现场监测及调查分析后，确认是天然放射性物质所致[66]。1986 年美国 Street 公司在清洗油田设备时发现设备含有大量的放射性尘埃和微粒[67]。1988 年苏联在全国放射性生态调查中发现巴库和高加索油气区石油管道的辐射剂量率高达 20 ~ 2000μR/h。此后，在斯塔夫罗波尔边疆区的放射性测井和地面放射性测量中发现，在套管外的水泥环上、射孔孔眼附近，输油管道、油水分离装置、储油罐的管壁或器壁的沉淀物中含有一定量的放射性核素[68]。

天然放射性核素铀（U）、钍（Th）、钋（Po）、镭（Ra）、氡（Rn）广泛存在于地壳中。

铀、钍及其化合物不溶于水，但它们的衰变产物镭及其化合物能溶于水。这些放射性物质易被有机质吸附，往往在油气藏的储集层被聚集，形成与油气伴生的关系。随着油气从地下开采到达地面，因温度、压力、酸碱度、饱和度、地层、流动状态等因素的改变，痕量的 NORM 也随之带出来，在井口装置主要形成盐垢、在油气分离站主要形成淤泥、在油气处理厂主要形成放射性薄膜和尘埃等废物。

石油和天然气中的放射性核素都是由^{238}U(铀)和^{232}Th(钍)衰变生成的。这两个母体核素半衰期很长并且在地壳中分布广泛，其比活度取决于岩石的性质。^{238}U、^{232}Th 衰变生成一系列的子体核素，这些核素具有不同的半衰期、衰变方式和核辐射。研究表明，在油气开采及加工过程中，镭和氡是 NORM 中最常见、最令人关注的天然放射性核素[66]。

镭是油气工业最主要的放射性元素，主要存在于盐垢、淤渣、采出砂、生产水和管壁的刮屑中，对人体主要构成外辐射，同时镭及其化合物的温度比周围介质的温度高 1.5℃左右，它能使周围物质的颜色发生变化。在油气工业中镭及其化合物有 3 种存在方式：在采出水的溶解态；形成盐垢、淤渣等沉积物；附着在有机颗粒表面的吸附态。镭除了固态物质有放射性外，气体也有放射性，放射性气体中镭引起的辐射强度占 11%，而放射性气体氡引起的辐射强度占 89%。

当镭到达地表后，由于温度、压力、酸碱度等条件的变化，镭会以硫酸盐或碳酸盐的形式沉积与结垢。镭的 3 种放射性同位素及其子体成为油气工业中 NORM 废物的主要源项。^{226}Ra、^{228}Ra、^{224}Ra 的半衰期分别约为 1600 年、6 年和 4 天，^{224}Ra 会很快由于自身的衰变而消失，而^{226}Ra 的衰变速率远低于^{228}Ra，因此，^{226}Ra 是 NORM 废物中应首先考虑的重要源项[69]。

氡是唯一一种无色、无味、单原子、惰性的天然放射性气体，能溶解在水和有机溶剂里，易吸附在二氧化硅胶体和活性炭表面。氡可通过呼吸系统进入人体造成内辐射，也可对神经系统、生殖系统、消化系统造成外辐射，是强致癌物质。氡辐射的公众年有效剂量为 2.4mSv。氡是镭直接衰变的产物，也是铀和钍的间接衰变产物，广泛存在于油气生产的各个环节。^{232}Th 放射系中，^{220}Rn(钍射气)的半衰期只有约 1min，它会在到达地面后很快衰变殆尽。^{238}U 放射系中^{222}Rn 的半衰期约为 4d，它可能存在于液化天然气处理设备、原油储罐或天然气传输管线中，最终衰变为寿命较长的^{210}Pb。

在油气工业的生产过程中，放射性核素会随着油、气以及水的混合物移动，并以各种形式累积于盐垢、金属垢和淤泥中。这些放射性废物中的 NORM 含量可能远远超过监管要求中的行动水平或豁免水平，并在设备的维护与运输等过程中给工作人员和公众带来潜在的照射风险。

11.2.3 天然放射性物质的危害

在油气工业中，天然放射性物质可导致辐射强度超过人体的允许水平并对环境产生潜在危害。放射线主要有两种作用：一是直接电离 DNA 使染色体分子断裂；二是作用在体液的水环境中产生自由基和过氧化氢。放射性危害的大小主要依赖于放射性强度、器官敏感程度、细胞获得能量的大小、辐射距离，对于弱强度辐射，细胞可以自我修复，而大剂量的辐射可杀死细胞或使基因发生变异，严重影响人身安全[67]。

放射性物质在衰变过程中要产生 α、β 和 γ 射线，由于 α 射线很容易受到阻止，因此其能量在极短距离就损失掉了。如果 α 射线来自人体外部，只有皮肤的外表面细胞可能受到影响，而不会对人体产生危害。但如果 α 射线源于体内，则一些敏感器官很容易受到损。与 α 射线相比，γ 射线的穿透能力要大一些。同样，源于体内的 γ 射线比体外射线对人体的损伤危害要大得多。β 射线可以穿透几毫米的细胞组织，电离作用和穿透能力居于α 射线和 γ 射线之间，但由于人体大多数敏感器官(如心脏、胃、肺等)距体表距离都远大于此数值，因此体外 β 射线对人体的危害也很小[66]。

放射性物质的存在不仅对环境和人员造成危害，还会影响设备的安全运行。当需要对管道及设备拆卸并予以清洗、检修和维修时，NORM 的垢层、尘埃和气体有可能污染周围土壤和大气，也有可能通过呼吸道和口腔直接进入人体，或通过皮肤直接吸收进入人体，这是油气开采、储运与加工处理过程中 NORM 对环境及人体健康最主要的污染及危害途径。由于肺比胃更容易受到放射性损伤，加上设备及管道拆卸、清洗、检修、维修过程中，NORM 通过呼吸道比通过口腔进入体内的可能性大，因此应采取必要的技术措施防止工人吸入放射性尘埃及气体。对设备而言，聚积在油管、输油管线的水垢，可使注入水、酸化压裂液击穿、刺漏管线，它们不仅减小了液体流量甚至堵塞管道，而且增加了液体的流动阻力，也使设备的运行效率下降并增加了生产和维修成本。

11.2.4　NORM 监管要求

油气工业中的 NORM 问题已经在国际上引起了重视，一些国家和国际组织相继制定和发布了相关的规定和导则。

1. 加拿大

在加拿大，NORM 受各个省级和地区政府的监管，每个政府在处理和处置 NORM 方面都有各自的一套法规。此外，联邦卫生部领土辐射防护委员会制定了由加拿大卫生部出版的《加拿大天然放射性物质管理指南》，以协调全国的标准。在某些情况下，NORM 的运输应遵守《核安全与控制法》中有关放射性物质使用的联邦法规。

2. 美国

根据 1954 年《原子能法》或《低水平放射性废物政策法》，NORM 不受监管。因此，NORM 主要受制于各个州的辐射控制法规。2005 年《能源政策法案》第 651(e)节通过重新定义源材料，赋予美国核管理委员会对 NORM 离散来源的管辖权。

在得克萨斯州，NORM 受《得克萨斯辐射控制法》的监管，具体如下：
- 得克萨斯州州卫生服务部(DSHS)对 NORM 的使用、处理和存储具有管辖权。
- 得克萨斯州铁路委员会对在油气勘探和生产过程中产生的 NORM 废物的处理和处置具有管辖权。

- TCEQ(得克萨斯州环境质量委员会)对其他 NORM 废物的处置具有管辖权。

3. 国际组织

国际原子能机构(IAEA)发布了《油气工业中放射性废物的辐射防护和管理》安全报告、国际油气生产商协会(IOGP)发布了《油气工业中天然放射性物质管理导则》等，这些文件都对 NORM 废物的处理与处置进行了规范和要求[69]。

针对天然放射性核素，国际辐射防护委员会(ICRP)提供了一些相关的照射管理导则。由于环境中^{238}U 和^{232}Th 的比活度通常约为 40Bq/kg，并且有一个数量级或更大一些的涨落，建议将母体放射性核素的比活度是否处在 1000 ~ 10000Bq/kg 的范围作为确定这些放射性物质的照射是否应当受制于监管文件的依据。虽然这种情况下采用的依据是 NORM 中的比活度，但在考虑外照射和尘埃吸入内照射时，这一范围的比活度"将会产生每年近似 1 ~ 2mSv 的有效剂量"。

IAEA RS – G – 1.7《排除、豁免和解控概念的应用》中规定，所有天然放射性核素的豁免比活度值为 1Bq/g，该值可以用于判断实践中的哪些材料能解除监管控制。IAEA GSR – Part3《国际辐射防护和辐射源安全基本安全标准》中对于天然来源的放射性核素豁免的剂量准则和批量物质的豁免比活度值也采用了与 IAEA RS – G – 1.7 同样的标准。

4. 中国

在《放射性废物分类》(环境保护部公告 2017 年第 65 号)中，针对含天然放射性核素的大量物质，采用年附加有效剂量不超过 1mSv 作为豁免剂量准则。GB 27742—2011《可免于辐射防护监管的物料中放射性核素活度浓度》等效采用了 IAEA RS – G – 1.7，规定天然放射性核素的比活度豁免水平为 1Bq/g。可以看出，我国目前针对天然放射性核素豁免的现行法规标准与国际标准一致，适用于油气工业 NORM 废物的排除和豁免管理[69]。

11.2.5　NORM 废物处置

油气工业中的 NORM 废物放射性比活度在 10^{-3} ~ 10^{4}Bq/g，变化范围较大。对于天然放射性核素比活度大于 1Bq/g 的情形，需要纳入辐射防护监管；而对于比活度小于豁免值的情形，可以当作普通废物处理。因此，对油气工业 NORM 废物的管理，既要做好废物分类和管理工作，也要做好废物的清洁解控工作，以减小废物管理压力，做到废物最小化[69]。

在油气工业 NORM 废物中一些放射性核素的半衰期很长，最典型的是半衰期约为 1600 年的^{226}Ra。所以，要选择合理有效的处置方案，使公众和环境的辐射安全在应有的时间尺度内得到充分保障。我国《放射性废物分类》(环境保护部公告 2017 年第 65 号)规定，放射性废物分为极短寿命放射性废物、极低水平放射性废物、低水平放射性废物、中水平放射性废物和高水平放射性废物 5 类，分别对应贮存衰变后解控、填埋处置、近地表处置、中等深度处置、深地质处置 5 类处置方式，且极短寿命放射性废物和极低水平放射性废物属于低水平放射性废物范畴。油气工业中的 NORM 废物主要是低水平和极低水平放射性废物，常用处置方法包括浅埋、填埋、地下注入和专用设施处置贮存。

目前，我国对油气工业 NORM 废物的相关放射性水平调查及分析评价的工作较少，获取的数据不足，因此，需要根据情况开展特定油气工业 NORM 废物的调查工作，在实际工作的基础上制定废物管理方案，在满足国家相关规定的同时，得到现实情形下的最优化策略。

美国得克萨斯州受 NORM 污染的固体处置方式与受 NORM 污染的设备处置方式不同。受 NORM 污染的固体(如管道结垢)可通过填埋或放置于封堵并废弃的井中的方式在其产生场地处置。在某些条件下，受污染的土壤可能会蔓延。在运营商遵守特定要求的情况下，可在许可的设施中处置油气 NORM 废物和进行 NORM 注入；根据得克萨斯州州卫生服务部法规，废弃的受 NORM 污染的设备(不再需要的设备)可以作为废金属回收或处置。如果要释放设备以进行非限制使用(如用于石油和天然气活动以外的其他目的)，则必须对设备进行去污。铁路委员会不允许填埋受 NORM 污染的设备。但是，包含 NORM 的出油管线可能仍会根据租约而保持埋地状态。受 NORM 污染的管材和其他设备也可以放置在封堵的废弃井中。放射性超过免除水平的油气废物是油气 NORM 废物，油气 NORM 废物必须按照铁路委员会的 NORM 处置规定进行管理。允许转让受 NORM 污染的设备，前提是该设备用于石油和天然气运营。但是，被丢弃的受 NORM 污染的设备必须经过净化处理，然后再处置或送到废料回收设施。

11.2.6 NORM 去污

1. 国外当前行业实践

油气开采过程中采出水被带到地表时，其中含有镭及大量其他阳离子(主要是碱土金属化合物)。镭的剧毒性使人们迫切需要将这些剧毒物质与无毒化合物有效分离。国外行业实践中，主要通过以下三种方法进行 NORM 去污。

(1)高压水射流

高压和超高压水射流是去除 NORM 的标准行业公认做法之一，主要通过物理/机械方式去除 NORM 水垢。但是，该过程既费时又费力，通常需要仔细控制和收纳水垢固体。另外，机械方法通常不易清理设备内部。

(2)反渗透

反渗透是利用压力迫使水成分通过半透膜，同时保留溶解的固体离子的过程。这种做法可用于对污水进行脱盐处理，但是对从污染的硬质表面(如土壤或设备)中提取放射性盐没有帮助。在废水净化中，该方法不会以放射性物质为目标，而是将水中存在的所有溶质离子分离出来。不过膜容易堵塞，并且在实践中通常很昂贵。

(3)螯合

螯合过程的非特异性效率与反渗透相同，这种方法的成功取决于金属离子在使用中与螯合剂形成配体键的趋势。由于镭对形成络合物的亲和力最低，所有其他金属阳离子将在镭之前络合，因此需要更多的螯合剂才能完成反应。当还存在大量其他金属化合物时，镭螯合则需要大量的螯合剂。

由于 Ra^{2+} 的萃取常数低于其他碱土金属阳离子，氨基羧酸（及其相应的盐，如 EDTA）在含有竞争性碱土金属阳离子（Na^+、K^+、Mg^{2+}、Ca^{2+}、Sr^{2+} 和 Ba^{2+}）的废水流中不能用作选择性 +2 价离子的萃取剂。为此，美国 FQE Chemicals 公司致力于通过选择性萃取和优先吸附性分级沉淀有效去除镭，该公司生产的 FQE NORM - Clear™ 和 FQE NORM - Precip 旨在解决 NORM 去除镭的技术难题。

FQE NORM - Clear 是 Ra^{2+} 络合的选择性萃取剂。与明显过量的碱土金属阳离子 Na^+、K^+、Mg^{2+}、Ca^{2+}、Sr^{2+} 和 Ba^{2+} 相比，FQE NORM - Clear 将优先与 Ra^{2+} 形成络合物。在所有碱土元素中，Ra^{2+} 最具挑战性。FQE NORM - Clear 是水溶性产品，可以在标准设备去污程序终止时用作添加剂，也可以将其注入蒸汽中，使冷凝水覆盖受影响的设备表面，或通过水循环施加。

FQE NORM - Precip 通过共沉淀和增强放射性有毒镭和其他放射性盐的凝结（作为分离的不溶水盐）而起作用，而不溶于水的盐可通过重力差异或其他过滤手段去除。应用 FQE NORM - Precip 产生的无放射性水可以循环处理或通过普通废水处理设施进行处理，从而大大降低废水处置成本。FQE NORM - Precip 作为水溶性产品，直接应用于含有溶解放射性物质的水流。

案例一

2019 年 10 月，加拿大阿尔伯塔省一家大型工厂使用 FQE NORM - Clear 将 NORM 每分钟的辐射计数（CPM）降至现场允许的职业极限，从而可以继续使用受污染的设备。

该工厂过去曾尝试喷砂和喷水处理，以消除设备中的 NORM 辐射。由于嵌入金属中的 NORM 通常无法使用机械方法去除，因此无法产生可靠的结果，并且该过程要求拆除设备。

在化学净化处理前，使用盖革（Geiger）计数器在两个单独的热点中测量设备，分别计数 215CPM 和 400CPM。而要继续使用设备，NORM 辐射水平必须降至 190CPM 以下。

为去除金属中嵌入的 NORM 污染物，在去除设备壁上的水垢和积垢后，使用 FQE NORM - Clear 仅循环了 6h，对热点进行重新测量，辐射水平降低至 80CPM 和 100CPM，这是该地点的背景辐射水平。并且采用该方法不会对流量计或其任何组成部分造成腐蚀、侵蚀或不适当的损坏。

案例二

得克萨斯州一家大型石化厂使用 FQE NORM - Clear 对一堆被放射性 NORM 垢污染的天然气过滤器进行了净化处理。

气体过滤器是去除进料天然气中存在的夹带水和固体的设备，过滤器经常被高水平的放射性水垢污染。由于 NORM 的含量，这些过滤器通常被更换，以及以高昂的价格处理。

为此，这家石化厂采用 FQE NORM - Clear 水溶液处理过滤器，每个过滤器与处理液一起循环 4h。化学循环完成后，用水冲洗过滤器外壳。据报道，最初的辐射读数超过

2000mrem/h。工作完成后，在工厂可接受的范围内，辐射读数降至 10mrem/h 以下。

净化过程使工厂节省了过滤器的更换成本，并消除了处置受 NORM 污染的设备成本，从而为客户节省了大量成本和时间。

2. 国内 NORM 污染设备去污

油气工业被污染设备的检修、拆卸、除垢、翻新等工作既要保障作业人员的安全，又要防止污染环境。设备除垢一般使用机械清洗和泡沫净化，具体方法是：将污染设备放在一张足够大没有破损的防水塑料制品的中央，周围拉上警戒线防止非工作人员误入；设备保持潮湿防止产生放射性尘埃污染空气，并将设备的开口处密封或包裹起来；作业前维修人员要穿戴好防护用品，作业结束时要敲击设备使疏松的污垢振落下来，并打扫干净放在防水、耐温和对紫外线辐射有一定抵抗力的容器内暂时密封储存。根据处理污染的成本和实际使用价值情况决定污染设备是维修、翻新继续使用还是报废处理。报废的设备如果不再回收，金属可直接留在油气井的"口袋"里或扔进废弃井注水泥密封或挖坑填埋；回收金属一般用高压水或磨料喷射清除设备内的盐垢和淤渣，少量还可用焚烧的方法去除污染物；回炉重新熔化金属时，污染物要大部分进入炉渣里，少部分进入尘埃。另外，气站维护操作会接触高浓度的氡及氡的衰变产物铅和钋等放射性污垢，通常的处理方法是在气站旁边建造处理池或处理坑[67]。

11.2.7 油气行业 NORM 案例分析

1. 美国得克萨斯州[65]

美国得克萨斯州铁路委员会负责该州油气 NORM 废物的处置监管，委员会的工作人员从 1999 年 12 月至 2000 年 3 月中旬对油田租赁设备和设施实地调查，目的是测量在生产租约期间使用的设备和其他相关油田设施中的 NORM 含量，以估算存在 NORM 污染设备的场地数量，并估算全州各个场地的 NORM 水平的大致范围。其中，租赁设备是随机选择的，以确保有代表性的样本。采用能量补偿的脉冲率"micro-R"仪表进行测量，该仪表可提供微伦琴每小时(μR/h)的读数。设备测量在最可能检测到伽马射线(如出油管线、储罐/容器、管道、泵、阀门和注入头)的位置进行，还收集了背景读数用于比较。最终，从 600 多个租赁和其他石油和天然气设施中收集了 5900 多个读数。

在现场调查期间收集的大部分石油和天然气设备读数表明，辐射水平通常低于设备非限制使用(用于石油和天然气活动以外的目的)的监管限值。在被调查的 612 个场所中，只有 59 个场地的设备读数高于 50μR/h，超过该极限后，该设备将无法释放以进行非限制使用。在 5900 多个读数中，只有 203 个读数高于 50μR/h。但是，调查表明特定地理区域的 NORM 水平较高。

2. 中国

(1)克拉玛依

文献[70]针对克拉玛依某油气田，对油气钻井、油气开采、油气处理、集输，油气联合处理站以及固废液处理站的工艺流程进行了现场调研，重点关注联合处理站及固废液处理站的γ辐射剂量率，以及水、原油、垢层、污油泥、土壤(渣土)等介质中天然放射性核素(^{238}U、^{232}Th、^{226}Ra、^{210}Pb、^{210}Po等)含量，从而为油气工业中天然放射性物质对工作人员、环境的影响评估提供依据。

γ辐射剂量率监测结果表明：该油气田各监测点的辐射剂量率值为76~449nSv/h，分离器管线下方测值最高，油井周围环境本底最低。虽然在一些石油和天然气设施、井口和管道附近得到略高的辐射测量值，但是同一地区在石油和天然气设施之外呈现正常的本底辐射水平。

固体样品(本底沙样、泥浆池污泥、蒸发池油泥、处理前侧漏污油泥、进站原油)监测结果显示，原油、污泥样的数值与国际原子能机构报告相关数值处于同一水平。

此外，该油气田工业开采中污水样和晒水池水样放射性水平监测结果与1983—1990年《全国天然核素含量本底调查研究》的结果进行比较，各核素含量均在本底调查结果范围以内，说明克拉玛依油气田工业开采中的污水样和晒水池水样辐射水平无异常。

(2)四川

20世纪90年代初期，我国曾对四川省主要气田天然气氡浓度进行了广泛测定，并对成都、重庆、自贡、泸州4个城市的民用天然气氡含量进行了动态观察。共测定气井37口，占四川天然气总产量的59%，结果表明：全省天然气氡浓度值为0.05~1.9kBq/m³，均值为0.37kBq/m³，加权均值为0.22kBq/m³。其中1/2气井的氡浓度在0.2kBq/m³以内，与世界主要产气田相比，四川天然气中氡含量处于中下水平。对民用气的测定表明：成都、重庆、自贡、泸州各市民用天然气的氡含量与城市所临近矿区氡含量一致，其中自贡市最高，泸州最低。四市民用天然气氡浓度均在国外学者对一些国家管道天然气测定值(0.04~2kBq/m³)范围内。该测定范围同样符合GB 18871—2002《电离辐射防护与辐射源安全基本标准》附录H中对住宅中氡的年平均活度浓度范围规定，即200~400Bq/m³。

(3)任丘

1992年3月至1993年2月，我国对北京地区民用天然气产地任丘油田的五口气井天然气中氡浓度进行了测定。结果表明，年平均氡浓度和标准偏差分别为112Bq/m³和9Bq/m³。由此估算燃烧天然气对室内氡的贡献为0.023Bq/m³，对居民所致有效剂量当量最大估计仅为2μSv/a，不到人均年天然辐射剂量的1‰[71]。

11.2.8 影响分析

油气行业NORM污染主要体现在油气开采方面，对于油气配输行业，其输送的油气是经过处理后的介质，相对而言存在NORM污染的风险较油气开采行业小。

20世纪末，美国得克萨斯州对油田租赁设备和设施进行了实地调查，现场调查期间收集的大部分石油和天然气设备读数表明：辐射水平通常低于设备非限制使用(用于石油和天然气活动以外的目的)的监管限值。只有3.4%的读数超过非限制使用的限值，并且特定地理区域的NORM水平较高。近期，我国对克拉玛依某油田的NORM调查表明：原油、污泥样的放射性浓度数值与国际原子能机构报告相关数值处于同一水平。克拉玛依油气田工业的辐射水平处于合理限值范围内，对周边环境无明显影响。此外，20 世纪 90 年代，我国对四川主要气田和任丘油田的天然气进行了室内氡浓度测定，结果表明氡浓度均在合理范围内。

由此可见，长输油气管道 NORM 污染的风险较低，但是特定地理区域的 NORM 污染水平可能较高。目前，我国对油气工业 NORM 废物的相关放射性水平调查及分析评价的工作较少，获取的数据不足。因此在油气管道废弃处置阶段，易开展特定油气工业 NORM 污染的调查工作，在实际工作的基础上制订科学处置方案。

第12章 废弃管道再利用

导 读

　　纵观国内外，导致油气管道废弃的原因主要有：上游油气资源消失，下游消费市场萎缩或者消失，管体完整性状况恶化，继续运行管道经济性差。可见，废弃的油气管道并非再无利用价值。实际上，废弃管道再利用是一个值得深入研究的课题。本章结合国内外案例，总结分析油气管道再利用的形式，并以废弃管道最大利用价值的改输其他介质为例，给出废弃管道再利用应进行的检测评价内容，从而为其他形式的利用提供借鉴。

12.1 再利用形式

12.1.1 作为废铁

作为废铁是废弃管道早期常见的利用形式，也是价值最低的做法。

20世纪70年代，美国绝大多数废弃旧管道由管道建设签约单位回收，签约者常常由于管道业主/运营者在原位铺设新管道而得到部分成本补偿或者能够以较低的代价获得旧管道，但是需要支付将管道拖出管沟的费用，因为多数情况下管道运营者或者业主将旧管道视为具有较少价值或者没有价值的废料，而回收管道的签约者会将管道作为废料卖给管道销售和修复公司盈利[13]。

12.1.2 移位继续使用

该种利用方式是将某地废弃的管道，开挖后进行适当修理，然后移位到其他地方继续输送原有介质。例如，美国俄克拉何马州1920年建设的219mm口径管道，由于油田原油枯竭，1928年管道开挖改造后用于得克萨斯州一个新发现油田的原油输送[14]。

在美国经济快速发展的20世纪20年代至30年代，随着许多油田的开发，输油管道大量新建，并一直运营到油田枯竭。之后，一些管道被从枯竭的油田移到其他地方继续投入运营，而多数空置管道则简单地留在原地。在这种情况下，出现了管道回收与再利用公司，逐渐发展出经济型的无害管道拆除与恢复方法。这些公司进行如涂层清除，管道拉直、去凹坑，气焊端口的斜面化及切割等修复工作，对废旧管道再利用，从中获利。在美国，像这样改造再利用的管道案例很多，其中改造管道的一个重要原因是避免维护闲置管道的成本，因为保持管道路权，继续信号维护成本高昂，美国许多州对这样的管道征收从价税、教育税、乡村税和州税。

12.1.3 作为管件利用

管形钢材的使用非常广泛，每年成千上万吨钢材进入市场用于结构支撑。例如，在美国，修复后的废旧油气管道钢管被用作海岸线附加支撑、建筑物突堤、桥梁的支撑。

20 世纪八九十年代，中国用于高速公路建设的数百万吨钢管，大部分来自美国得克萨斯州和路易斯安那州于 20 世纪 20 年代或者 30 年代铺设的旧管线[13]。

在美国有许多公司专门销售二手改造管线给最终的客户，并且各自都有擅长的业务。一些公司仅销售 16in、18in 或者 20in 的管道给油气钻井承包商，以便在"鼠洞"中使用，仅此一项应用每月就消耗 7620m 上述口径的管道。此外，许多小口径管道(8 ~ 11in)被油气运营者用作表层套管使用，表层套管在岸上初始钻探操作时能够保护浅水沙。更多的旧管道被用作农业活动的畜栏和门上防畜栏，以及篱笆、车库和其他建筑物的中央支柱[14]。

12.1.4 作为缆线通道

在光缆铺设工程中，如果现有光缆管道不能再利用而需要新建管道时，那么光缆工程中成本最高的就是土建。而且要取得路权和批准开挖，需要相当长的时间。时常还必须沿着原有管道路由安装新的管道。由于上述这些原因，挖掘原有管道的潜力，尽量不建或推迟建设新管道就成为首选的解决方案。早期的通信电缆管道采用管径为 90mm 的混凝土多孔管道，后期采用外/内径为 110/100mm 的 PVC 管道。于是人们开始在这些大管道中铺设 3 ~ 4 根管径 32/28mm 左右的 PE 子管道，然后在这些子管道中铺设光缆[72]。

油气管道口径比一般的光缆通道口径大，废弃的管道完全可以充当光缆甚至其他管线或者缆线的铺设通道。

12.1.5 作为改输其他介质的管道

在诸多废弃管道利用方式中，改输其他介质是利用价值最大的一种方式，以下是废弃管道改输其他介质的一些案例。

(1)输气管道改为输油管道

2012 年 7 月，美国 Trunkline 天然气有限公司向联邦能源管理委员会提出废弃一部分从墨西哥湾地区到密歇根州的干线天然气管道，长度 1239km，口径大部分为 762mm (30in)，少量为 610mm(24in)。废弃的原因是该管道的产能未能充分利用。Trunkline 公司表示，由于传统的天然气分销框架在过去几年中发生了巨大变化，目前东北地区超过 35% 的需求来自马塞勒斯和尤蒂卡页岩产区。Trunkline 旨在服务的客户群不再依赖 Trunkline 系统来满足市场需求，转由页岩气企业代替。Trunkline 公司计划将废弃后的管道出售给其母公司 Energy Transfer Equity LP 指定的子公司，用于输油服务。联邦能源管理委员会于

2013 年 11 月 7 日同意 Trunkline 公司的申请[73]。

（2）输油管道改为输泥浆管道

美国俄克拉何马州 1920 年建设的口径 219mm 的管道，由于油田原油枯竭，1928 年管道开挖改造后用于得克萨斯州一个新发现油田的原油输送。2007 年得克萨斯州油田枯竭，管道被管道回收公司收购。由于大部分管道除了一点磨损，壁厚完整，腐蚀少，回收企业基于利益最大化原则，将大部分管道卖给一家墨西哥铜厂用于运输泥浆[14]。

（3）输油管道改为输气管道[74]

1989 年 10 月，美国密苏里管道公司计划将一条 12in 口径的废弃原油管道改为输气管道。这条 12in 的管道从密苏里州派克县到伊利诺伊州伍德里弗市，长约 137km。管道 1948 年开始运营，1982 年废弃，废弃时管道排空了原油并用氮气进行了吹扫。为了顺利实现改输，密苏里管道公司向道威尔·斯伦贝谢公司寻求帮助，最终确定管道清洗、水压测试、脱水、干燥后投入使用。其中，道威尔·斯伦贝谢公司承接了以下工作：

1）清除管道内残留的原油。

2）清除管道内可能导致运行问题的松散或黏附的碎屑。

3）清洗管道，使试压水符合 EPA 排放标准（悬浮颗粒浓度不大于 100×10^{-6}，油脂含量不大于 20×10^{-6}）。

4）如果最初指标不满足时，则提供应急计划以符合第三条的参数要求。

1989 年 11 月 19 日至 12 月 2 日，道威尔·斯伦贝谢公司通过采用凝胶清管技术[75]完成管道残留物的清理，最终试压水中的油含量为 5×10^{-6}，悬浮颗粒浓度为 40×10^{-6}。清洗后的管道于 1990 年 1 月 1 日开始输送天然气。

我国 20 世纪 90 年代末，曾经对两条原油管道清洗后改输天然气[35,36]，也是管道再利用的经典案例。

（4）改为输水管道

2016 年，国内某改线废弃管段清洗后改为输水管道。该改线管段，位于山东省枣庄市薛城城区。2015—2016 年隐患整治攻坚战期间，对此段管道进行改线，新建管道 13.3km，废弃管道长 12.8km。新建管道连头后，对废弃管道进行无害化处置。此段管道采用"清管器 + 化学清洗"方式清除管壁油污和结蜡，经检测管道内壁无油污、可燃气体含量达标。2016 年，该段废旧管道和土地资产全部有偿移交至地方，用于城市工业供水。

12.1.6　作为研究对象

一些服役多年的废弃管道，本身是很好的试验管材，因为它保留了现场管道自然产生的特征，可以作为缺陷检测技术的测试对象、管道退化机制和过程的研究对象、危抢修队伍训练的材料。甚至在一定条件下，就地废弃的管道清洗后可作为大型试验场地，用于泄漏检测技术、流体特性测试、缺陷检测技术的现场测试对象。

总而言之，废弃管道再利用是一个动态发展的过程，随着时代的发展应因地制宜地挖掘其价值，避免不必要的浪费和二次污染。

12.2　再利用检测评价

废弃管道再利用的目的不同，需要的检测评价也不同。例如，作为牲畜护栏，仅需管道强度足够、内部无污染物即可；若作为改造后的管道继续使用，那么需要的检测评价相对复杂。一般而言，废弃管道作为其他介质的输送管道继续使用时，涉及的检测评价最为全面，不仅有针对管道材料理化性能、剩余强度的检测，而且内壁洁净度也要达到一定的标准。这里基于我国20世纪90年代开展的管道油改气工程实践[35,76-77]，总结废弃管道再利用时的检测评价工作，主要包括管道理化性能测试与材料适用性评价、管道全尺寸试验评价、管道腐蚀剩余强度评价，以及其他可能涉及的检测评价。其中，管道自身材料性能的评价最为关键，是决定其能否价值最大化利用的前提。

12.2.1　理化性能测试与材料适用性评价

（1）管道无损检测

对管道进行无损检测是管道材料评价的基础，是确定管道腐蚀类型及采取何种评价方法的依据。管道材料评价前必须对管道焊缝、焊缝热影响区及母材进行较为全面的无损检测。通过无损检测发现管道运行过程中所产生的缺陷类型、大小，为后续评价提供支持。

（2）管材化学成分

通过管材化学成分分析可以判断管材的可焊性、产生延迟裂纹的倾向性及应力腐蚀开裂敏感性和氢致开裂敏感性。

（3）力学性能

衡量管材力学性能主要指标为抗拉强度、屈服极限、延伸率。抗拉强度和屈服极限是由钢的化学成分和轧制工艺所决定的。钢的屈服强度越低，则延伸率越大，表明钢的塑性越好，易于焊接加工。管材力学性能测试应按API SPEC 5L《管线钢管》或GB/T 9711—2017《石油天然气工业　管线输送系统用钢管》的有关要求，母材拉伸试样取横向和纵向两种，其中横向拉伸试样需经过冷压平。焊缝拉伸试样垂直焊缝截取，焊缝居标距中心，试样经冷压平。

（4）金相组织分析

通过对管材、夹杂物及拉伸断口金相组织分析，确定管材情况。

1）夹杂物分析。

非金属夹杂物的存在直接影响钢材的抗氢致开裂和硫化物应力腐蚀开裂性能，尤其是硫化锰夹杂，更容易导致裂纹形核，从而使材料发生开裂。通过金相显微镜观察，发现管材是否存在硫化锰、氧化物、硅酸盐等非金属夹杂物。

2）管材显微组织分析。

显微组织观察分析母材、焊缝及焊缝热影响区组织是否存在对应力腐蚀和氢致开裂敏感的马氏组织。

3）拉伸断口金相组织分析。

拉伸断口宏观观察可发现有无焊接缺陷。微观形貌上可分析出断裂属性，即确定断裂为韧性断裂还是脆性断裂。

（5）硬度测试

根据 NACE MR0175 为防止硫化物应力腐蚀开裂规定，管线钢硬度极限为维氏硬度248（洛氏硬度22）。因此对于输送含硫介质气体的管道母材、焊缝及焊缝热影响区维氏硬度测试结果应小于248。

（6）夏比冲击性能

夏比冲击功是衡量和评定管道材料韧性水平的重要力学性能参量，评价管道抗脆断和延性止裂性能时都会用到该参量。

（7）管道抗脆性断裂能力

输油管道由于原油加热输送，管体温度较高，不存在低温脆断问题，若改为输气管道，冬季管体温度低，由于钢的韧性随温度降低而下降，当管道温度低于钢的韧脆转变温度时，管线会发生脆性断裂，脆性断裂是由低温、应力和裂纹缺陷共同造成的，因此必须考虑管道抗脆断问题。要保证管道在服役温度下不发生脆性断裂事故，就要求管道具有充分的韧性储备。

（8）延性止裂

天然气输送管道既要考虑抗脆性断裂能力问题，还须考虑延性断裂的止裂问题。韧性断裂是过大拉应力和裂纹缺陷同时存在条件下，由细小裂纹逐渐扩展而造成的断裂。对于输油管道，一旦发生开裂，由于原油沿管道轴向方向传播的减压波速度一般都较高，因此即使发生韧性断裂，其裂纹不会扩展很长距离就会止裂。对于天然气，其减压波速度低于钢管脆性断裂速度，因此一旦发生脆性断裂，难以实现止裂。但钢管材料在发生韧性起裂后，天然气减压波的速度可能会小于裂纹（混合型断裂）扩展速度，则存在不能止裂的可能性。因此，对于该输天然气的管线，其韧性断裂的止裂能力也是一个重要指标。

为防止管道发生长距离剪切断裂，管体材料韧性应满足 ISO 3183 - 3—2019《石油与天然气工业 - 管道钢管 - 交货技术条件 第3部分：C级钢管的要求》中为避免长距离剪切断裂的夏比V形缺口冲击试验和落锤撕裂试验要求。同时，依据 ASME B31.8（2018）规定，为确保管线具有足够的延展性，断裂韧性测试应按照 API 5L（第43版）的补充要求 SR5 或 SR6 的测试程序或 API 5L（第45版）附录 G 或其他等效替代方法进行测试。

（9）管道应力腐蚀开裂和氢致开裂敏感性分析

对于改输天然气的废弃管道，由于天然气中含有硫化氢，所以硫化物应力腐蚀开裂和氢致开裂是管道爆裂事故中的两种主要形式。在这种情况下，应分析管道对应力腐蚀开裂和氢致开裂的敏感性，保证油改气后管道的安全运行。其中，氢致开裂实验按 NACE TM0284—2016《管道和压力容器用钢抗氢致开裂性能评价的方法》要求进行，硫化物应力腐蚀开裂实验按 NACE TM0177—2016《金属在 H_2S 环境中抗硫化物应力开裂和应力腐蚀开裂的实验室试验的标准试验方法》要求进行。

12.2.2 管道全尺寸试验评价

对现场取样管段进行水压试验，以测试带有严重腐蚀缺陷管段和基本无缺陷管段的极限承压能。试压采用阶梯式加载、分段稳压的方式，验证管道屈服压力和爆破压力的试验值与理论计算值是否吻合。

12.2.3 剩余强度评价

根据管道内检测缺陷的量化结果，或者管道内窥检测结果和现场截取管段缺陷的量化探测结果，基于 ASME B31G 准则或者其他准则，评价管道的剩余强度。

12.2.4 其他检测评价

除了管材相关的评价，一些作为其他介质输送管道的废弃管道还须对管体防腐层、管体埋深情况，甚至阴极保护系统有效性进行评估，以便满足输送安全的需要；管道投用前，进行全线水压试验也是保障安全的必要环节。

总而言之，一旦管道材料的评估满足再利用的需求，应根据具体应用场景确定需要开展的相关检测评价。

第13章　油气管道废弃费用估算与计提

导　读

　　我国管道废弃业务发展较晚，多数管道运营期内并未预留未来报废处置的专项资金。由于管道处置成本高，一旦大规模报废则面临处置资金难以落实的问题，从而不利于及时处置。有必要建立制度，在管道运营期计提报废处置专项资金，从而促进管道的长期可持续发展。本章在介绍美国、英国与加拿大在油气管道弃置费用估算方面的规定和案例的基础上，基于国内工程建设项目费用估算方法，给出适用于我国的管道资产弃置成本估算方法和工作步骤，以供业界参考。

13.1　废弃费用计提的必要性

　　截至 2020 年 3 月，原中国石油和中国石化下属管道公司共计弃置管道（报废或者废弃、长期封存管道）4812km，由于我国油气管道运营期间缺乏针对未来废弃处置时的费用计提机制，导致当前弃置的大量管道面临处置资金难以短期解决的问题，大部分尚未完成废弃处置。

　　截至 2018 年底，我国油气长输管道总里程达到 136000km，"十四五"末将达到 240000km，如此规模的管道存量，若不预留出未来废弃处置的费用，届时将会导致极大的资金缺口，影响企业正常的生产经营活动。此外，根据现行的定价规则，管输价格核定中未纳入废弃成本，因此废弃成本无法通过现有管输价格进行回收和补偿。

　　为了我国管道事业的可持续发展和全生命周期管理，有必要计提管道资产废弃/弃置费用，在管道运营期间通过每年从经营收入中预留用于管道弃置和环境恢复所需的资金，形成未来管道废弃处置的资金储备，从而在维持企业财务稳定的前提下，保障企业更好地履行废弃管道处置义务，有效控制安全、环保责任风险。

13.2　国外废弃费用计提做法及案例

13.2.1　美国

1. 政策

美国是世界上油气管道发展最早的国家之一，管道弃置发展也相对完善，其对资产弃置审批、会计处理方法及会计计量等进行了规定(详见表 13 -1),对于油气行业而言,主要针对油气开采方面。

表 13 -1 美国资产弃置政策

法规条款名	颁发机构	主要内容
FAS143 准则《资产弃置义务的会计处理》	美国财务会计准则委员会	统一了资产弃置债务的会计处理方法; 建立了相应的会计核算与报告准则来确认与资产弃置有关的负债和成本; 同时也规定了弃置准备金的计提方法
FIN47《附加条件资产弃置义务会计处理》解释公告	美国财务会计准则委员会	规定资产弃置义务的履行是无条件的,是法定义务; 阐述了资产弃置义务初始确认的一般化流程

2. 案例

美国某原油管道,全长 27km,管径约 200mm(6 ~ 8in),建于 1970 年,用于将原油从卡拉马祖县郊区输送至市区的炼油厂。2003 年,市区炼油厂停产,管道停输,同时该管线因运行年限较长,运行状况不断恶化,发生泄漏的风险较高,业主经综合评估决定废弃该管道,并根据相关法规开展废弃处置。全线 375m 采用开挖拆除,其余采用就地弃置。

采用公允价值估计方法对弃置费用进行估算,详见表 13 -2。

1)劳动力和原材料成本:当资产进入弃置状态时,第三方进行处置、环境清理和恢复等活动发生的直接成本,如人工费用、原材料支出等,这些费用的计量应为市场下的公允价格。

2)第三方进行清理发生的间接成本:如相关的管理费用和设备使用费。在假设条件下,认为管理费和设备使用费为人工和原料成本的 80%。

3)承包商利润:第三方需要获得的利润(总成本的 20%)。

4)预估弃置费用:3 项支出总和。

表 13 -2 美国某废弃管道弃置费用估算

项目	金额/美元
人工和原料成本	131250
管理费和设备使用费(80% ×131250)	105000
承包商利润[20% ×(131250 +105000)]	47250
小计	283500

13.2.2 英国

1. 政策

英国是欧洲油气管道发达的地区之一,对油气勘探、开采行业管道弃置的相关规定相对完善。在会计处理上,其将相关资产弃置的未来成本视作总投资的一个组成部分,并对弃置成本核算、财务费用计提、储备金的准备等进行了明确规定,相关政策法规见表 13 -3。

表13-3　英国油气管道弃置政策

法规条款名	颁发机构	主要内容
石油天然气勘探、开发、生产与弃置活动会计——建议实务公告	OIAC 英国石油行业会计委员会	油气管道及其相关资产弃置的未来成本应被视作总投资的一个组成部分，进行资本化。 规定了资产弃置义务负债成本的计量方法。 要求进行管道资产弃置成本的信息披露，财务报表呈报与揭示
财务报告准则12——预提储备金、或有负债和或有资产	ASB 英国会计准则委员会	该准则要求无论弃置义务是法定或推定，企业都应当对该义务进行资金计提和储备，而且应将准备金资本化。 规定了资产弃置义务负债的确认、计量、估计变更、信息披露等的原则与方法
财务报告准则11——固定资产和商誉的减值	ASB 英国会计准则委员会	该准则提供了固定资产减值的确认、计量和信息披露的具体原则与方法
《石油法》1998	U.K 英国政府	该法案规定管道资产废弃的方式，主要包括就地废弃、部分拆除或完全拆除，以及管道废弃后的环境恢复措施等 规定了海上设施弃置资金预留方式

2. 案例

英国某原油管道，长度191km，管径914mm，沿线设置4座泵站。因管线输送能力无法满足输送要求，管道运行状况恶化，经研究决定铺设新管道以增加输量，改善运行状况，旧管道采用就地弃置方式进行废弃处置。

英国油气管道弃置基本采用"一线一案"进行设计和成本估算。弃置成本主要包括弃置可行性研究/设计成本、清管成本、管道通行权维护成本、管道设备拆卸成本、环境恢复成本。其中，弃置可行性研究/设计成本是指管线停止运营前，管道企业会对管线停止运营的可行性进行论证和方案设计，主要包括合理性论证费用、弃置方案研究成本、人工成本、危险材料研究成本4个部分；清管成本是指清管作业中发生的清管操作成本、清管后的检测成本、废液收集与处理成本；管道通行权维护成本是管道废弃施工所占用的私人土地及对正常的社会活动造成干扰所花费的成本，即临时征地赔偿；管道设备拆卸成本是指管线站场设备、管道沿线设施拆除回收成本；环境恢复成本是指管道弃置后恢复环境所花费的费用，以及后期环境监控成本。

本案例管道弃置成本现值为1200万英镑，各分项的成本构成如下：弃置可行性研究/设计成本共93.9万英镑，清管成本共计305.5万英镑，管道通行权维护成本为126.4万英镑，管道设备拆卸成本为426.7万英镑，环境恢复成本预估为247.5万英镑。

13.2.3　加拿大

1. 政策

加拿大对油气管道废弃成本估算、资金储备与征收方式已形成明确的规定。作为"管道废弃——财务问题"计划的一部分,国家能源局(NEB)于2009年5月发布了其"决策理由 RH-2—2008:土地事宜咨询计划第3项"的文件。在此决定中,NEB 指示所有管道公司开始预留资金用于其设施的废弃,同时 NEB 为管道公司设定了指导原则,还制订了一项十步行动计划,以确保废弃财务问题解决机制的形成[78]。

从 RH-2—2008 文件中,可知:

NEB 就废弃财务问题邀请各个行业组织和管道公司参与讨论,就初步费用估计、征收时间、征收方法、基金治理、风险和不确定因素、管辖权释放等问题征求各方的意见。

NEB 针对未来废弃基金设置明确了两个基本前提:①废弃费用是提供服务的合法费用,NEB 批准后系统中的用户可以使用;②土地所有者不承担管道废弃费用。

在初步废弃成本估计方面,各参与方识别到影响初步废弃成本估计的技术和财务因素包括:废弃的物理方法、废弃时可用的技术、立法要求、环境影响和后续补救要求、残值估计、行政费用、成本上升因素、资金的预期投资收益率、废弃的时机、所得税影响、资金征收对现有收费结算的影响等。

有关废弃基金治理方面,各方提出的问题涉及资金隔离、资金池、资金管理、废弃资金使用、报告要求、资金的税收处理、脱离联邦管辖等方面。

最终,NEB 综合各方的关切,明确以下关键原则和考虑因素:

(1)管道公司最终将负责建设、运营和废弃管道的全部费用,NEB 将由受监管的公司负责这些费用。

(2)NEB 采用面向目标,基于风险的生命周期方法进行监管,不赞成消除风险的概念。

(3)目前,从监管或经济的角度来看,使用资金池并不有效。

(4)估计弃置成本的管道时间应比预期的经济寿命或实际寿命短。

(5)弃置费用的资金应以透明的方式征收和储备。

(6)弃置费用的资金不应作为折旧的一部分收取,而应作为服务费用的单独组成部分。

(7)储备废弃的资金只能用于废弃和废弃计划相关活动。

同时,NEB 对储备废弃基金的程序和机制应具有的属性提出了建议:

(1)基金必须保存在单独的账户中,并且不能与公司的一般公司基金混合使用。

(2)资金必须由独立的第三方管理。

(3)必须保护所征收的基金不受债权人的侵害。

(4)必须保护基金免于滥用或出于废弃目的以外的用途。

(5)必须(至少每五年一次)对隔离账户中预留和拨出的基金金额审查,并且向 NEB 和利益相关者进行定期报告。

(6)不同管道对应的资金分开管理。

(7)基金必须接受 NEB 的适当审核。

(8)公司必须制定合理的废弃基金投资政策,因为每个管道公司都应负责收集和管理基金。

(9)必须在机制中明确规定使用资金的过程。

为方便各管道公司估计初始废弃成本，NEB 委员会成员建议采用表 13-4 所示的基本案例假设作为初步费用估计的基础。如果管道公司选择提交特定于自身管道的未来废弃成本估算，则应对与采用基本假设估算存在的偏差进行合理解释。

表 13-4　基本情况假设

废弃方法	请参阅表 13-5
废弃费用信息	使用 TransCanada 提交的油气杂志调查中的信息。相关方应在调查中解释如何使用数据
经济寿命	40 年（基于《加拿大特许会计师协会手册》中的估算长期资本资产寿命的建议）
估计残值	由于在此过程中各相关方未提交任何数据，因此保守的话，NEB 假设为零
通货膨胀率	2%（反映了加拿大银行的通胀目标，并接近历史滚动平均值）
回收资金收益	4.5%（基于加拿大银行的长期债券收益率，使用 2000—2009 年的年份，当时平均每年通胀率为 2%）

表 13-5　废弃假设方式

土地利用		管道直径	
		不大于 203mm（8in）	大于 203mm（8in）
农业用地	农田	假定 90% 为无维护的就地废弃；10% 拆除	假定 80% 为伴随长久维护的就地废弃；20% 拆除
	牧场	假定 90% 为无维护的就地废弃；10% 拆除	假定 80% 为伴随长久维护的就地废弃；20% 拆除
其他		假设 100% 就地废弃；有永久维护的 50%，无维护的 50%	

2014 年 5 月 29 日，NEB 发布了"MH-001—2013 号决定：储备和征收机制"的文件，从而遵守了 RH-2—2008 中规定的第 10 个也是最后一个行动计划，即在 2014 年 5 月 31 日之前发布有关储备和征收机制的决定[79]。

经过口头听证并考虑 NEB 监管的大多数重要管道所有者和运营商，受影响的托运人以及行业和土地所有者协会的证据和意见后，NEB 确定到 2015 年 1 月 1 日，所有受 NEB 监管的管道都必须建立一种预留资金的机制，以支付将来废弃管道的费用。

大多数管道将被要求建立不可撤销的信托，或提供银行发行的信用证或担保债券，以反映足以弥补其每条管道被废弃的金额。

各公司的机制需提交给 NEB 进行定期审查和批准，并说明预留资金将如何支付公司估计的废弃成本，以及这些资金将如何增长以跟上未来的预期成本。

当前，NEB 可接受的废弃基金预留机制包括：NEB 指定的第 1 组公司（具有广泛管道系统的公司）可以将信托作为其首选的预留机制。每个提议信托的形式和条款将由 NEB 评估。所有支持信托基金使用的公司都提倡使用"合格环境信托基金"（《所得税法》中定义）；NEB 指定的第 2 组公司（管道系统较小的公司）可以发布信用证或担保债券，其条款必须由 NEB 批准。

NEB 明确拒绝使用日益增加的信用证、相关公司担保、信托账户及实施被许可人责任等级计划，如在阿尔伯塔省、不列颠哥伦比亚省和萨斯喀彻温省实施的那些计划预留机制。

目前，加拿大是唯一对陆上长输油气管道弃置成本估算和计提机制给出详细规定和指导的国家，其做法对其他国家具有重要借鉴意义。

2. 管道废弃成本估计案例

本案例为加拿大 TransCanada 公司的 Keystone 管道废弃成本估算案例[3]，体现了加拿大管道公司废弃成本估算的做法。其中，管道弃置成本包括线路弃置成本、地上设施拆除成本和废弃后处理成本三部分，估算流程如图 13-1 所示。管道废弃成本首先确定不同土地类型确定的管道废弃方式，然后确定不同处置方式管道的工程内容、单价与长度，进而计算得出管道废弃成本。地上设施拆除成本通过分别确定不同类型设施的单位成本和数量来计算。

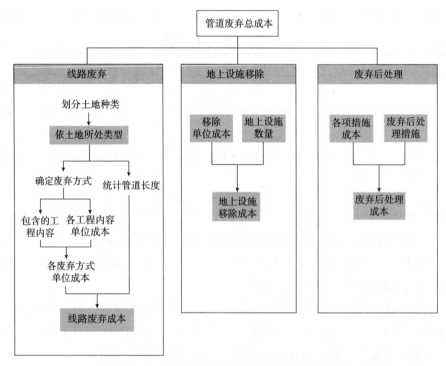

图 13-1 加拿大管道废弃成本构成与估算流程

(1)确定评估日期

评估日期为 2011 年 1 月 31 日，也就是说，废弃成本的估算对象为该时间点的管道系统(管线、设备等)。另外，统计管道系统各部分所处的土地类型时，也是基于该时点的情况。

(2)管道沿途土地类型划分

依据土地用途将土地分为农业用地、非农业用地、其他三类，并将这三类进一步细分，详见表 13-6。

①农业用地：进一步细分为耕地、特定种植物耕地(如林场、草地覆盖的农场等)、非

耕地(如原生态草原或草地)。

②非农业用地：进一步细分为现有开发土地(商业、工业或住宅用地)、未来开发土地(未来的商业、工业或住宅用地开发可能会影响的土地)、预期未来不会开发的土地(预计未来不会受到土地开发影响的区域，如森林等)。

③其他：进一步细分为环境敏感区、公用铺面道路及铁路穿越区、公用砾石道路穿越区、河流湖泊穿越区、其他穿越区(如公用工程穿越区等)。

表13-6　土地类型分类情况

土地类型	分类	备注
农业用地	耕地	—
	特定种植物耕地	如林场、草地覆盖的农场等
	非耕地	如原生态草原或草地
非农业用地	现有开发土地	商业、工业或住宅用地
	未来开发土地	未来的商业、工业或住宅用地开发可能会影响的土地
	预期未来不会开发的土地	预计未来不会受到土地开发影响的区域，如森林等
其他	环境敏感区	—
	公用铺面道路及铁路穿越区	—
	公用砾石道路穿越区	—
	河流湖泊穿越区	—
	其他穿越区	如公用工程穿越区等

(3)依据管道所处的土地类型确定废弃方式

TransCanada公司针对土地种类确定的管道废弃方式与国家能源局提供的参考方式有所不同。TransCanada公司的理由是，它针对所要测算的管道系统——Keystone系统，具体分析位于不同类型土地的各管段应采取的最佳废弃方式。在评估应选择的最佳方式时，TransCanada公司主要考虑以下三个因素：

①安全：确保该废弃方式是安全的；

②环保：确保该废弃方式对环境产生的影响最小；

③经济性：确保管道废弃以成本有效的方式开展。

TransCanada公司针对不同土地类型确定的废弃方式，详见表13-7。

表13-7　TransCanada公司针对土地类型确定的管道废弃方式

土地类型	分类	废弃方式
农业用地	耕地	A
	特定种植物耕地	R
	非耕地	A
非农业用地	现有开发土地	A
	未来开发土地	R
	预期未来不会开发的土地	A

土地类型	分类	废弃方式
其他	环境敏感区	A
	公用铺面道路及铁路穿越区	A +
	公用砾石道路穿越区	A(60.3～323.9mm)
		A + (≥355.6mm)
	河流湖泊穿越区	A
	其他穿越区	A

注：A表示就地废弃，A+表示特殊处理的就地废弃，R表示拆除。

(4)依据不同土地种类统计管道长度，统计地上设施数量

1)统计不同土地类型对应的管道长度。

TransCanada公司在地理信息系统(GIS)中用管道的中心线标记出管道走向，并与土地利用类别的数据相匹配。空间叠加的结果为每一种土地类型对应的管道长度，详见表13-8。

表13-8　不同土地类型对应的管道长度

土地利用类型		占比/%	管径 >61mm (L)大管径（km）	管道长度/km
农业用地	耕地	78.7	974.6	974.6
	特定种植物耕地	0.9	11.0	11.0
	非耕地	14.3	176.6	176.6
非农业用地	现有开发土地	0.8	9.3	9.3
	未来开发土地	0.8	10.4	10.4
	预期未来不会开发的土地	0.4	5.4	5.4
其他	环境敏感区	2.6	31.8	31.8
	公用铺面道路及铁路穿越区	0.2	2.8	2.8
	公用砾石道路穿越区	0.6	7.4	7.4
	河流湖泊穿越区	0.3	3.4	3.4
	其他穿越区	0.5	6.3	6.3
合计		100.0	1239.0	1239.0

2)统计地上设施数量。

统计管道系统包含的地上设施数量，详见表13-9。

表13-9　地上设施数量汇总

描述	数量/个
泵	72
储罐	3

续表

描述	数量/个
计量站	1
给油泵	3
增压泵	2
建筑物	4
蓄水池和消防水池	3

（5）管道废弃处置流程、各流程单位成本及总成本，地上设施拆除的单位成本及总成本

加拿大 TransCanada 管道系统废弃范围内的工作均符合加拿大标准协会（CSA）标准 Z662-11 中关于管道废弃的安全和技术要求。表13-10 所示为在加拿大 TransCanada 管道系统废弃中涉及活动的概要描述。

表13-10 管道废弃涉及活动总结

名称	概要描述
吹扫及清洗	降低管道内压，使用清管器清除管线内的液体
地上阀门设施的拆除	地上阀门设施的拆除（如清管器、接收器、排液管等）
管道设施的拆除	从管沟中拆除管道，回填管沟
地上阀门设施拆除后的土地使用权及土地复垦	获取使用权，监管许可证、临时工作用地。土地复垦及受影响区域的补偿
管道拆除后的土地复垦	污染（如果发现）的恢复、回收，土壤压实，特定地区植被的种植
特殊处理的区域	对于一些区域采取的特殊处理活动（如河流穿越区、环境敏感区等）
地上设施的拆除	位于地上的设施（非管道）的拆除（如泵站、计量站、油库等）
工程设计、项目管理及施工管理（EPCM）	包括项目管理、服务、采购、环境、安全、工程设计、施工检查及区域运营等
废弃后的处理	需要的情况下，定期监测并提供额外的修复措施
特殊情形	将项目成本估算中的不确定性包含在这个因素中。TransCanada 在成本估算中没有明确针对特殊情形设置的补贴，而是在特定的废弃项目中单独考虑

作为成本估算的基础，TransCanada 依据的是国际高级成本工程协会（AACEI）制定的成本估算方法，TransCanada 同样应用自己的内部成本估算指南，公司内部的成本估算指南对协会制定的估算方法进行了补充和扩展。

管道废弃活动中采用的劳动力价格的依据是加拿大2010年管道劳动力协议（PLCAC）。设备拆除费用的依据是 TransCanada 内部的设备价格数据库，这些设备价格反映的是各种承包商在实际类似或较小规模项目中使用的设备情况。管道废弃处置流程中各流程单位成本及地上设施拆除的单位成本详见表13-11和表13-12。

表 13 – 11 管道废弃各流程单位成本及总成本

土地类型/废弃方法			管道长度/km	美元/m	总计/千加元
农业用地	耕地	A	974.6	20.1	19589.50
		吹扫		3.8	3703.50
		清洗		11.3	11013.00
		阀室拆除		3.4	3131.6
		土地复垦		0.6	584.80
		工程设计、项目管理及施工管理		1	974.60
	特定种植物耕地	R	11	339.3	3732.30
		吹扫		3.8	41.80
		清洗		11.3	124.30
		阀室拆除		3.7	40.70
		管道拆除		176.9	3045.90
		土地复垦（阀室）		0.6	6.60
		土地复垦（管道）		26.8	294.80
		工程设计、项目管理及施工管理		16.2	178.20
	非耕地	A	176.6	19.6	3461.40
		吹扫		3.8	671.10
		清洗		11.3	1995.60
		阀室拆除		3.1	547.50
		土地复垦（阀室）		0.5	88.30
		工程设计、项目管理及施工管理		0.9	158.90
非农业用地	现有开发土地	A	9.3	20.3	188.80
		吹扫		3.8	35.30
		清洗		11.3	105.10
		阀室拆除		3.6	33.50
		土地复垦（阀室）		0.6	5.60
		工程设计、项目管理及施工管理		1	9.30
	未来开发土地	R	10.4	234.4	2437.80
		吹扫		3.8	39.50
		清洗		11.3	117.50
		阀室拆除		3.1	32.20
		管道拆除		177.7	1848.10
		土地复垦（阀室）		0.5	5.20
		土地复垦（管道）		26.8	278.70
		工程设计、项目管理及施工管理		11.2	116.50
	预期未来不会开发的土地	A	5.4	19.7	106.40
		吹扫		3.8	20.50
		清洗		11.3	61.00
		阀室拆除		3.2	17.30
		土地复垦（阀室）		0.5	2.70
		工程设计、项目管理及施工管理		0.9	4.90

续表

土地类型/废弃方法		管道长度/km	美元/m	总计/千加元
环境敏感区	A	31.8	20.4	648.70
	吹扫		3.8	120.80
	清洗		11.3	359.30
	阀室拆除		3.7	117.70
	土地复垦(阀室)		0.6	19.10
	工程设计、项目管理及施工管理		1	31.80
河流湖泊穿越区	A	3.4	1265.70	4303.40
	吹扫		3.8	12.90
	清洗		11.3	38.40
	阀室拆除		3.1	10.50
	切割并加盖		1159.90	3943.70
	土地复垦(阀室)		0.5	1.70
	土地复垦(管道)		26.8	91.10
	工程设计、项目管理及施工管理		60.3	205.00
公用铺面道路及铁路穿越区	A +	2.8	2488.70	6968.40
	吹扫		3.8	10.60
	清洗		11.3	31.60
	阀室拆除		3.1	8.70
	切割、浇筑混凝土、加盖		2319.80	6495.40
	土地复垦(阀室)		0.5	1.40
	土地复垦(管道)		31.7	88.80
	工程设计、项目管理及施工管理		118.5	331.80
公用砾石道路穿越区	A/A +	7.4	2483.60	18378.60
	吹扫		3.8	28.10
	清洗		11.3	83.60
	阀室拆除		3.1	22.90
	切割、浇筑混凝土、加盖		2319.80	17166.50
	土地复垦(阀室)		0.5	3.70
	土地复垦(管道)		26.8	198.30
	工程设计、项目管理及施工管理		118.3	875.40
其他穿越区	A	6.3	19.6	123.50
	吹扫		3.8	23.90
	清洗		11.3	71.20
	阀室拆除		3.1	19.50
	土地复垦(阀室)		0.5	3.20
	工程设计、项目管理及施工管理		0.9	5.70
合计		1239.00		59938.80

（其他）

表 13 - 12　地上设施拆除单位成本及总成本

描述	数量	单位成本/千加元	总成本/千加元
输油泵	72	622.4	44813
储罐	3	1257.7	3773
计量站	1	114.1	114
储罐和进油管阀组	3	54.9	165
增压泵	2	363.6	727
建筑物	4	120.8	483
蓄水池和消防水池	3	159.9	480
合计	88	574.5	50555

(6)废弃后处理措施及成本估计

废弃后的处理措施包括定期的监测及在废弃后可能出现问题时的额外补救措施。Trans Canada 针对管道系统废弃后的 10 年间估算了废弃后处理措施的成本。详细的费用情况见表 13 - 13，该费用考虑以下几个方面：提供电话呼叫服务；维护内部数据库，如地理信息系统(GIS)；空中巡检；维护标志；废弃管道穿越地区的持续维护和管理；持续支付财产税。

表 13 - 13　废弃后处理成本估算

措施	成本/千加元
数据维护	21
空中巡检	10
系统标识	50
废弃管道穿越地区的持续维护和管理	45
财产税	17
环境监测	168
年度小计	311
津贴	109
年度总计	420
10 年总计*	4200

注：* 不考虑自动调整(escalation)和折现(discount)因素。

此外，针对特定地点需要进行以下环境监测活动：斜坡破坏的修复、土壤沉降的修复及其他类似的情况。针对以上废弃后处理措施成本的津贴限额为废弃后处理措施费用的 35% 。

(7)管道废弃成本汇总

TransCanada 针对 Keystone 系统估算的废弃成本为 1.14694 亿加元(评估时点为 2011 年 1 月 31 日，详见表 13 - 14)。在技术进步或者环境要求变化的情况下，成本估算结果将进一步改进，改进的结果会在政府要求更新成本估算结果时进行上报。

表 13 – 14　废弃成本估算结果汇总

管道			
土地利用类型		废弃方式	估算成本/千加元
农业用地	耕地	A	19590
	特定种植物耕地	R	3732
	非耕地	A	3461
非农业用地	现有开发土地	A	189
	未来开发土地	R	2438
	预期未来不会开发的土地	A	106
其他	环境敏感区	A	649
	河流湖泊穿越区	A	4303
	公用铺面道路及铁路穿越区	A +	6968
	公用砾石道路穿越区	A/A +	18379
	其他穿越区	A	124
管道废弃成本小计			59939
地上设施	输油泵		44813
	储罐		3773
	计量站		114
	给油泵		165
	增压泵		727
	建筑物		483
	蓄水池和消防水池		480
地上设施拆除成本小计			50555
废弃成本小计			110494
废弃后成本			4200
总计			114694

3. 废弃基金使用案例

2016 年 2 月 8 日，NEB 针对其管辖下的所有第 1 组公司启动了 2016 年弃置费用估算评估。TransCanada(以下简称 TC)能源公司于 2016 年 9 月 30 日向 NEB 提交了更新的废弃成本估计(ACE)，以 2016 年美元价格计算(14100km 管道，约 29.05 亿美元)。更新后的2016 年 ACE 还包括详细信息，修改了其估算突发事件的方法，并提交了五年的初步退役和废弃计划。五年计划还解决了相关的资金以及对每个 TC 能源公司废弃信托基金中预留资金的影响。NEB 于 2018 年 4 月 18 日批准了 TC 能源公司更新的 ACE。

2015 年 9 月 25 日，TC Energy 的子公司 Foothills 提出了将其系统约 9.1km 的管道退役的申请。NEB 于 2015 年 12 月 22 日批准了 TC Energy 的申请，此后不久便开始了该段管道的退役工作。工作完成后，TC Energy 于 2016 年 12 月 6 日向 NEB 申请，要求其从 Foothills Abandonment Trust 偿还相关的费用。NEB 批准了 Foothills 要求报销开垦债务费用的请求，并发布了一项命令，指示 Foothills Abandonment Trust 的受托人向 Foothills Pipe Lines 释放 1644567 美元。

13.3　管道弃置费用估算方法

我国于 2006 年发布的《企业会计准则》第 13 号《或有事项》、第 4 号《固定资产》和 27 号《石油天然气开采》均引入了弃置费用的概念，其中油气行业主要针对油气勘探、开采，不涉及长输管道。目前，国内没有关于长输管道资产弃置成本估算、弃置成本资金储备与收集等方面的相关规定。

这里借鉴国外在油气资产弃置成本估算方面的经验和做法，基于国内工程建设项目费用估算方法，给出适用于国内管道公司的管道资产弃置成本估算方法和工作步骤。

13.3.1　管道资产废弃方式

油气管道弃置方式包括拆除、就地废弃(或者就地弃置)两种方式，其中就地弃置还涉及分段隔离和局部注浆两种技术措施。SY/T 7413—2018 中对处置方式的适用情况进行了说明，如表 13 – 15 所示。管道公司可根据标准规定和管道实际情况确定管道弃置方式。

表 13 – 15　处置方式适用情况对照

处置方式		适用情况
拆除		下列管段应拆除： a)地上管段及其附属设施； b)裸露管段。 下列管段宜拆除： a)土地纳入政府开发规划且有明确拆除需求的管段； b)国家基本农田段的管段； c)环境、生态敏感区的陆地部分管段； d)埋深不符合要求的河流穿越段； e)穿越铁路、公路且具备拆除条件的管段； f)便于拆除的其他管段。 其他管段宜就地弃置
就地弃置	分段隔离 (只隔离不注浆)	所有就地弃置管段的两端应进行隔离。 外径小于 300mm 的管道可不做防塌陷注浆处理
	注浆	下列管段应进行注浆： a)以直埋(非定向钻)方式穿公路、铁路、水体等处的管段； b)建筑物占压的管段； c)塌陷后会引发严重后果的管段

标准中对弃置方式的适用情况进行了一般规定，在应用时，需要结合管道的实际情况确定弃置方式。

13.3.2　管道资产弃置成本构成

管道资产弃置成本包括三部分：线路弃置成本、站场弃置成本、废弃后处理成本。其中，线路弃置成本根据管道废弃方式的不同进一步划分为就地废弃段线路弃置成本和拆除段线路弃置成本，如图13-2所示。

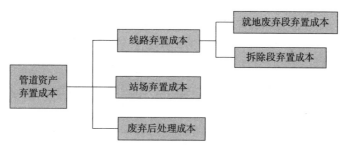

图13-2 管道资产弃置成本构成

13.3.3 管道资产弃置成本估算方法和步骤

管道资产弃置成本估算工作流程如表13-16所示。

表13-16 管道资产弃置成本估算工作流程

工作步骤	工作内容	完成表格
步骤1	制定工艺标准、制定废弃方案、核定工程量	线路弃置工程量概况表、拆除段工程量汇总表、就地废弃段工程量汇总表、站场弃置工程量汇总表、废弃后处理措施工程量汇总表
步骤2	确定造价标准	拆除段工程造价标准汇总表、就地废弃段工程造价标准汇总表、站场弃置工程造价标准汇总表、废弃后处理措施造价标准汇总表
步骤3	估算弃置成本	管道弃置总投资估算表

具体说明如下：

(1)依据废弃管道具体情况制定废弃方案，并确定各项工程的工程量。

1)线路弃置工程量。

线路弃置相应的工程量如表13-17、表13-18和表13-19所示。

表13-17 线路弃置工程量概况

序号	项目名称	工程量		
		单位	数值	备注
1	线路总长度(=2 +3)	km		
2	拆除段线路长度	km		
2.1	拆除段一般线路长度	km		
2.2	拆除段河流、沟渠穿越长度及次数	km/次		
2.3	拆除段铁路穿越长度及次数	km/次		
3	就地废弃段线路长度	km		
3.1	加封头段线路长度	km		
3.2	注浆段线路长度	km		

表 13 – 18　拆除段工程量

序号	项目名称		工程量		
		单位	数值	备注	
1	开挖土方量	一般线路管沟开挖土方量(含排油和切管作业坑)	$10^4 m^3$		机械开挖、人工开挖比例
		河流、沟渠开挖土方量	$10^4 m^3$		
		管沟回填需外购土方量	$10^4 m^3$		土的来源,运距
2	排油	排油点	处		
		抽油孔	个		孔径
		进气孔	个		孔径
		排油量	m^3		
3	切管	切割口	处		
4	外防腐层处理	沥青玻璃丝布	m		
		防腐层残渣处理	t		
5	管内壁处理	蒸汽量	t		
		蒸汽车	台班		规格
		含油污水	m^3		运距
		油罐车	台班		规格
		污油坑开挖及恢复	m^3		
		防渗塑料布	$10^4 m^2$		
6	钢管运输存放	运输车	台班		
		储存场地	$m^2/处$		储存时间
7	施工便道	新建	km		
		整修	km		
8	临时占地	一般段线路	$10^4 m^2$		
		河流沟渠穿越段	$10^4 m^2$		
		临时堆管场地	$10^4 m^2$		
		施工便道	$10^4 m^2$		
9	其他施工措施	潜水泵	台班		功率、扬程
		发电机	台班		功率
		围堰	m^3		
		无纺布	m^2		
10	附属设施拆除	三桩	个		
		警示牌	个		
		固定墩	个		直径
		护管桩拆除	$m^3/个$		
11	地表植被	旱田	$10^4 m^2$		
		其他(荒地等)	$10^4 m^2$		
12	拆迁	场院	$m^2/处$		
		大棚	$m^2/处$		

注:依据具体工程方案对"项目名称"列进行调整。

表 13 – 19　就地废弃段工程量

序号	项目名称	工程量		
		单位	数量	备注
1	注浆材料用量	m^3/处		
2	注浆孔	处		孔径
3	排气孔	处		孔径
4	带黄油囊焊接封头	个		

注：依据具体工程方案对"项目名称"列进行调整。

2）站场弃置工程量。

站场弃置相应的工程量如表 13 – 20 所示。

表 13 – 20　站场弃置工程量

序号	项目名称	工程量		
		单位	数值	备注（规格）
1	输油泵			
2	储罐			
3	计量站			
4	给油泵			
5	增压泵			
6	建筑物			
7	蓄水池和消防水池			

注：依据具体工程方案对"项目名称"列进行调整。

3）废弃后处理措施。

废弃后处理相应的措施如表 13 – 21 所示。

表 13 – 21　废弃后处理措施工程量

序号	项目名称	工程量		
		单位	数值	备注
1	系统标识			数量
2	废弃管道穿越地区的持续维护和管理			管道长度
3	环境监测			管道长度

注：依据具体工程方案对"项目名称"列进行调整。

（2）由工程造价管理部门制定各工程内容的造价标准。

1）线路弃置工程的造价标准。

根据线路弃置的工程内容，确定相应造价标准，如表 13 – 22 和表 13 – 23 所示。

表 13 – 22　拆除段工程造价标准

序号	项目名称		造价标准		
			单位	数值	备注
1	开挖土方量	一般线路管沟开挖土方量（含排油和切管作业坑）	元/m^3		
		河流、沟渠开挖土方量	元/m^3		
		管沟回填需外购土方量	元/m^3		

序号	项目名称		造价标准		
			单位	数值	备注
2	排油	排油点	元/处		
		抽油孔	元/个		
		进气孔	元/个		
		排油量			
3	切管	切割口	元/口		
4	外防腐层处理	沥青玻璃丝布	元/m²		
		聚乙烯冷缠带	元/m²		
		三层PE	元/m²		
		防腐层残渣处理	元/t		
		人工清理	元/t		
5	管内壁处理	蒸汽量	元/t		
		蒸汽车(4t)	元/台班		
		含油污水	元/t		
		油罐车	元/台班		
		污油坑开挖及恢复	元/m³		
		防渗塑料布	元/m²		
6	钢管运输存放	运输车	元/(t·km)		
		储存场地	元/天		
7	施工便道	新建	元/km		
		整修	元/km		
8	临时占地	一般段线路	元/m²		
		河流沟渠穿越段	元/m²		
		临时堆管场地	元/m²		
		施工便道	元/m²		
9	其他施工措施	潜水泵	元/台班		
		发电机	元/台班		
		围堰	元/m³		
		无纺布	元/m²		
		带黄油囊焊接封头	元/个		
		穿路用套管管口处理	元/个		
10	附属设施拆除	三桩	元/个		
		警示牌	元/个		
		固定墩(DN720)	元/个		
		护管桩拆除	元/m³		
11	地表植被	旱田	元/m²		
		水田			
		树木	元/棵		
		绿化带和景观带	元/m²		
		其他(场院、荒地等)	元/m²		
12	拆迁	大棚	元/m²		
		场院	元/m²		

表 13 – 23　就地废弃段工程造价标准

序号	项目名称	造价标准		
		单位	数值	备注
1	灌注水泥砂浆	元/m³		
2	注浆孔	元/处		
3	排气孔	元/处		
4	带黄油囊焊接封头	元/个		

2) 站场弃置工程的造价标准。

根据站场弃置的工程内容,相应确定造价标准,如表 13 – 24 所示。

表 13 – 24　站场弃置工程造价标准

序号	项目名称	造价标准		
		单位	数值	备注
1	输油泵			
2	储罐			
3	计量站			
4	给油泵			
5	增压泵			
6	建筑物			
7	蓄水池和消防水池			

3) 废弃后处理措施的造价标准。

根据管道废弃后的处理措施,相应确定造价标准,如表 13 – 25 所示。

表 13 – 25　废弃后处理措施造价标准

序号	项目名称	造价标准		
		单位	数量	备注
1	系统标识			
2	废弃管道穿越地区的持续维护和管理			
3	环境监测			

(3) 由财务管理部门依据工程量和造价标准,估算弃置成本。

①依据工程量汇总表和造价标准汇总表,测算相应工程内容的费用,汇总得到工程费用。

②以工程费用为基础,依据相应的取费依据,分别估算其他费用、预备费和建设期利息,汇总得到总投资即管道弃置成本,详见表 13 – 26。

表13-26 管道弃置总投资估算

序号	项目或费用名称	合计(万元)	备注
	总投资		
(一)	工程费用		
1	土方工程		体积×× m^3
2	恢复地貌		面积×× m^2
3	施工便道		便道××km
4	其他施工措施		
5	排油		排油××处
6	切管		切××道口
7	隔离封堵(焊接盲板)		焊盲板××处
8	注浆		注浆×× m^3
9	附属设施拆除		
10	外防腐层处理		面积×× m^2
11	管内壁处理		
12	防腐钢管运输存放		运管××km
(二)	其他费用		
1	临时用地费		占地×× m^2
2	拆迁赔偿费		面积
3	工程设计费		
4	工程监理费		
5	建设单位管理费		
6	环境评价验收费		
7	工程保险费		
8	施工队伍调遣费		
(三)	预备费		
(四)	建设期利息		

注：依据工程量汇总表对"项目或费用名称"列进行调整。

13.3.4 管道弃置费用估算单价制定

管道废弃处置成本与采用的处置技术手段密切相关，不同的清洗方式、拆除方式对应的成本差别较大。由于我国油气管道废弃处置工程案例少，废弃处置不同技术措施的工程成本尚无确切依据，这给整条管道的弃置成本估计带来困难。

这里基于国内管道公司废弃处置工程的实际支出情况，以及专业人员基于当前技术水平和行业经验给出的成本单价估值，通过综合实际费用数据和经验数据，制定出管道处置费用推荐单价，如表13-27所示，为业界估算废弃成本提供一定参考。

表13-27　废弃管道处置费用估算推荐单价表

序号	输送介质	管径/mm	注水封存管推扫 万元/km	扫线（清洗前的物理清管）类型	扫线 万元/km	清洗 万元/km	拆除 万元/km	注浆 万元/km	隔离封堵 万元/km
1	原油	273及以下	3.5	结蜡厚度超过5cm	11	13.5	52	7.5	3
2				结蜡厚度小于5cm	7.5				
3				无结蜡	3.5				
4		>273且≤406	4.5	结蜡厚度超过5cm	14.5	18.5	62	15	3.5
5				结蜡厚度小于5cm	8				
6				无结蜡	4.5				
7		>406且≤610	6	结蜡厚度超过5cm	21	22.5	67	27	4
8				结蜡厚度小于5cm	11.5				
9				无结蜡	6				
10		>610且≤813	7.5	结蜡厚度超过5cm	26	30	72	35	4.5
11				结蜡厚度小于5cm	14.5				
12				无结蜡	8				
13	成品油	273及以下	3	常规清管管道	2	13.5	50	7	3
14		>273且≤406	3.5	常规清管运行管道	3	17.5	60	13	3.5
15		>406且≤610	5	常规清管运行管道	4	22	65	23.5	4
16		>610且≤813	7	常规清管运行管道	5.5	26	70	33.5	4.5
17	天然气	273及以下	—	常规清管运行管道	—	—	50	7	3
18		>273且≤406	—	常规清管运行管道	—	—	58	13	3.5
19		>406且≤610	—	常规清管运行管道	—	—	63	23.5	4
20		>610且≤813	—	常规清管运行管道	—	—	70	33.5	4.5
21		>813且≤1016	—	常规清管运行管道	—	—	80	—	5
22		>1016且≤1422	—	常规清管运行管道	—	—	96	—	6

备注：
1. 仅对已经采用注水封存的管道适用。
2. 本表中定义的扫线费用为进行化学清洗或者蒸汽清洗前的物理扫线，停输前的介质吹扫不包含在该项费用中。
3. 扫线和清洗单价中包含危废处置费用。
4. 表中单价为基价，使用时根据一次性处置长度、区域、管道封存年限，需要相应乘以价格调整系数，具体包括：
   (1) 处置长度调整系数：
   ① 当处置长度≥10km，费用按照基价计算；
   ② 当5km≤处置长度<10km，费用按照基价×1.25计算；
   ③ 当处置长度<5km，费用按照基价×1.5计算。
   (2) 区域调整系数：当所处置管线位于经济发达地区、城区内时，
   ① 扫线、清洗的费用按照基价×1.2计算；
   ② 注浆的费用按照基价×1.4计算；
   ③ 拆除的费用按照基价×1.6计算。
   (3) 封存年限调整系数：
   ① 当封存年限小于10年，清洗费用按照基价计算；
   ② 当封存年限大于等于10年，清洗费用按照基价×1.5计算。
5. 天然气管道仅在证明内部存在污染物、天然放射性物质等，如多氯联苯、天然气水合物等，才采用化学清洗，否则仅进行介质吹扫。
6. 对于就地弃置的管道，可考虑增加后续维护费用5万元/km(该部分主要为鼓动维护费用、地灾处置等费用，拆除费用按照基价×1.1计算。
7. 管径≥610mm的管道，采用拆除方式处置可能会产生购土回填、地灾处置等费用，对于荒漠、无人区等不会造成次生灾害前的区域，不需要列支该部分费用)。

13.3.5　油气管道资产弃置费用计提方法

油气管道计提弃置费用的流程：首先，依据管道资产废弃处置的流程和工艺标准，确定所辖管道废弃处置方式，统计各处置方式的管道长度。其次，依据处置措施对应的标准单价和工程量，估算管道弃置费用。再次，按照规定的折现期和折现率计算得到弃置成本现值。最后，按照会计处理规定进行弃置费用的会计初始确认和后续计量。

其中，管道弃置费用计提的会计处理具体包括折现期、折现率等核心参数的确定，并制定弃置费用初始确认和后续计量的会计处理规则。

（1）折现期。折现期与管道运行寿命有关。加拿大能源局建议采用40年，同时允许企业自行选择更符合实际的折现期；从国内已经封存管道运行年限看，其运行寿命也是大约40年；另外，可参考现行折旧年限30年。

（2）折现率。英国采用加权平均资本成本（WACC）；加拿大采用税后投资资本回报率；美国采用信贷调整后的无风险利率；大庆油田采用长期负息资金利率。建议折现率可考虑与国家发改委成本监审规则中采用的准许收益率保持一致，或采用管输企业的资本成本，或采用五年期贷款基准利率（LPR）。

（3）会计处理规则。

1）初始确认时的会计处理。

计提管道资产弃置费用时，应按照折现弃置费用金额，增加管道资产原值，同时增加预计负债。会计分录如下：

借：固定资产——弃置费用

　　贷：预计负债——弃置费用

2）后续计量时的会计处理。

每月按平均法对管道资产弃置费用对应的弃置资产计提折耗。会计分录如下：

借：管输成本——折旧折耗摊销（弃置费用）

　　贷：累计折旧——弃置费用

预计负债的后续计量。应按照每年年初"预计负债——弃置费用"余额为基数，按照适用的折现率计算全年利息支出，并按月平均计入财务费用，同时增加预计负债余额。由于新增油气管道资产增加的弃置费用预计负债当年不计提财务费用。

每月计提财务费用会计分录如下：

借：财务费用——弃置费用

　　贷：预计负债——弃置费用

3）预计负债调整时的会计处理。

根据测算参数变化重新计算预计负债。当弃置工艺标准、工程造价标准、折现期、折现率等弃置费用测算参数变化时，需重新计算预计负债，并将重新计算后预计负债与原预计负债余额之差作为调整金额按以下规定进行会计处理。

如果重新计算导致预计负债增加，应同时增加所属管道相应的弃置资产；如果重新计算导致预计负债减少，应以所属管道对应的弃置资产账面价值为限扣减；如果预计负债的减少额超过所属管道对应的弃置资产账面价值，超出部分应确认为当期损益（冲减营业外支出）。按照上述原则调整的管道资产，在资产剩余使用年限内按照直线法计提折耗。

4）资产清理时的会计处理。

管道整体报废时预计负债的后续计量。管道整体报废时，会计分录如下：

①弃置费用支出：

借：预计负债——弃置费用

　　贷：银行存款

②固定资产清理：

借：累计折旧——弃置费用

　　贷：固定资产——弃置费用

对应预计负债的所有后续变动应在发生时确认为营业外支出。即当管道资产实际废弃清理支出大于该管道计提预计负债期末余额时，将两者差额借记营业外支出科目。当管道资产实际废弃清理支出小于区块计提预计负债期末余额时，将两者差额贷记营业外支出科目。

第14章 油气管道废弃案例

导 读

北美地区油气管道废弃实践丰富，本章分析了北美地区的典型油气管道废弃案例，从中切实了解国外油气管道废弃的原因和处置措施。

14.1 就地废弃案例

14.1.1 加拿大马尼托原油管道

（1）管道基本信息[80]

加拿大马尼托管道是加拿大阿尔伯塔省布莱克富特到萨斯喀彻温省克罗伯特之间的两条并行管道，一条外径为273.1mm，向南输送混合原油；另一条外径为114.3mm，向北输送冷凝物。管道1971年3月投产，早期只是一段从萨斯喀彻温省罗伯特到达利奇的管道，受萨斯喀彻温省监管，1977年从萨斯喀彻温省达利奇到阿尔伯塔省布莱克富特建成21km延长管道，最终整条管道受NEB监管。

（2）废弃原因

延长管道建成后，布莱克富特地区的大部分原油经该管道输送，在1985年最大输量达到了1466m³/d。19世纪80年代后期，由于Husky原油管道竞争的原因，1995年输量下降至530m³/d，且预计1996年输量只有190~225m³/d。经估算，采用罐车运输成本（0.80美元/m³）与管输成本（0.754美元/m³）相当，而且省去了1.50~2.50美元/m³的原油处理成本。由于这段21km的管道继续运行不经济，且有可替代的运输途径，管道停输后也并不影响该地区的原油供应，1996年1月决定废弃。

（3）管道废弃具体做法

该管道在清管后采取就地弃置的做法。清管的第一个步骤是采用氮气推动多个清管器（配合使用冷凝液）清除管道中的固体和液体，然后在位于低洼管段处安装排油接管。在首次清管完成一周后，用真空油罐车收集低点处的积液。马尼托公司提出，如果没有积液，则管道清理程序将被视为完成。如果发现液体，则将进行额外的清管，确保管道中没有内部残留物。

其中，位于主要穿越点（16号和17号高速公路、马歇尔路和铁路）下的管段被切割，用水泥浆填充并且安装了管帽。

尽管管道经过一些湿地区域和靠近湖泊或者池塘，但是管道上方并没有实际的水域穿越点。只有两个地点被认定为存在意外导流的风险，所以只对这两个地点的管道安装了管塞。马尼托公司对于不同管塞材料进行研究，并决定采用聚氨酯泡沫材料作为管塞来阻断水流通道的形成。

（4）管道废弃完成后的监测工作

在废弃工程完成后，马尼托公司制订了废弃管道监测计划，具体包括：

1）定期飞机巡线；

2）监测湿地区域，检查是否有烃污染的迹象，包括发现烃的光泽、植被生长不良或者气味；

3）收集和测试湿地区域的水样本，检查是否存在污染物。

在管道废弃后的前两年，巡线飞行和湿地监测每隔6个月进行一次，之后则是按年进行。每年进行一次湿地水源的收集和测试污染物的工作。

由于在管道废弃之后多年里，没有检测出地面下沉或者污染现象的发生，也没有发生管道裸露，未发现明显的环境污染及重大问题，之后只进行常规的监测活动。

14.1.2　加拿大 Enbridge 公司 3 号线管道废弃案例

（1）管道基本情况

3 号线管道是加拿大 Enbridge 公司 6 条主干管道之一，负责将焦油砂原油从加拿大阿尔伯塔省埃德蒙顿（Edmonton）运输到美国威斯康星州的苏必利尔市（Superior），管道路由如图 14－1 所示，管道横跨美国明尼苏达州北部，穿越水蛭湖、丰迪拉克保留区以及 1855、1854 和 1842 条约区域，建造于 1961 年，1968 年投产运行，口径 863.6mm，管道的标称壁厚从 7.1mm（最小，占管长的 24.4%）到 19.1mm（最大，占管长的 0.01%）不等，中等壁厚包括 7.14mm（占管长的 70.6%）、7.92mm（占管长的 2.5%）和 12.7mm（占管长的 2.0%），全长 1765km[81,82]。

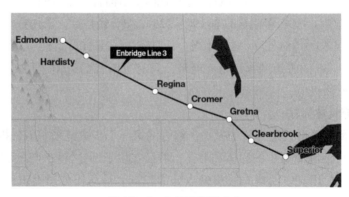

图 14－1　3 号线管道走向

3 号线管道在美国境内共有 586km，其中北达科他州 21km，明尼苏达州 542km，威斯康星州 23km。美国境内 3 号线管道建于 1962—1963 年，但是管道的两个特征使其结构完整性特别容易受到影响。首先，明尼苏达州内的 3 号线管道，84% 的涂层是聚乙烯胶带，管道运行期间发现聚乙烯胶带与管道脱黏，从而使管道更容易受到外部腐蚀和 SCC 的影响。其次，美国境内 3 号线管道上，53% 的纵向焊缝采用闪速对焊，这是一种管道制造过程的焊接方式，焊缝形成缺陷的敏感性较高。虽然并非所有的闪速对焊管都包含制造缺陷，但是 3 号线管道的闪速对焊部位，在制造缺陷和内部压力的组合作用下，曾经发生焊缝开裂并导致失效的重大历史事故，其中包括 1991 年的大急流城溢油事故，该事故造成 1700000gal 原油泄漏，是历史上最大的内陆泄漏事故。

（2）废弃原因

Enbridge 公司公开披露的数据显示，3 号线管道结构完整性异常极其严重：

●焊缝之间的 140000 个管道接头部分中，70% 以上存在外部腐蚀。

●2016 年管道接头中腐蚀深度达到原始壁厚50% 以上的超过 3000 个，而在 2012 年时仅有 900 个。

●到 2030 年，预计管道接头上腐蚀深度超过 50% 及以上的缺陷将从 2027 年的 18000 个增加到 25500 个。

●每英里腐蚀异常数（深度超过 20% 壁厚）比 Enbridge 公司同一廊道中的其他管道高 10 倍。

●超过 15% 的管道接头受 SCC 影响，每英里 SCC 异常数（深度超过管壁厚度的 10%）比 Enbridge 公司同一条管廊的其他管道高 5 倍。

由于修复这些"异常"缺陷的成本非常昂贵，因此 Enbridge 公司计划废弃该管道，在新的管廊中建造一条新的管道。Enbridge 公司认为，更换 3 号线管道符合公众利益，因为可以减少 3 号线安全维护活动的频率和程度，这对土地所有者、当地社区和环境意味着巨大的利益。同时，更换 3 号线也可以更好地满足公众对当前和未来的石油需求。

2014 年 11 月 5 日，Enbridge 公司提出 3 号线管道更换申请，具体包括：

●用一条新的 914.4mm 原油管道替换现有的 3 号线 863.6mm 原油管道；

●增加遥控分段阀；

●更换部分或全部 3 号线泵，以及相关的基础设施和设备；

●在哈迪斯蒂（Hardisty）码头增加油罐；

●现有 3 号线管道的废弃。

加拿大能源局（现为 CER）于 2016 年 11 月 29 日宣布批准 3 号线管道更换计划，2018 年 6 月 28 日，美国明尼苏达州公共事业委员会批准了 Enbridge 公司的申请，即在该州北部地区更换老化的 3 号线输油管道。

（3）废弃过程

作为 3 号线管道更换计划的一部分，现存的 3 号线管道将废弃，主要采取就地废弃的方式。Enbridge 公司就地废弃管道是为了避免重大的工程活动，并降低影响土壤稳定性的风险，土壤稳定性会损害共享路由中新管道的结构完整性。而且，就地废弃意味着不需要使用重型设备开挖和拆除埋地管道，这样可以降低维护其他管道安全运行的相关风险。不过，Enbridge 公司对废弃管道永久负责[83]。

依据废弃处置方案，3 号线管道废弃处置工作包括：

- 采用专用清理工具(清管器)清除管道中的绝大部分原油；
- 使用清管器和清洗剂相结合的方式深度清洗管道；
- 将管道与在役设施(如泵站)物理隔离；
- 必要时，为防止管道充当水流通道，对管道进行隔离封堵，具体通过在管道内部形成永久物理屏障(包括闸阀和永久段塞)的方式实现。

除此之外，Enbridge 公司还将以各种方式监控废弃管道，包括：

- 管道路由监测和维护，包括埋深调查；
- 维持阴极保护；
- 维护适当的包含联系信息的标识、指示路由或者走廊中的退役管道；
- 维护挖掘前打电话的提示。

根据要求，废弃施工期间 Enbridge 公司每年向国家能源局报告工程状况，废弃工作完成 5 年后，向能源局提交咨询报告。

Enbridge 公司于 2017 年 8 月开始 3 号线管道更换项目，旧 3 号线管道的废弃工作将从 2021 年春季开始分阶段实施，3 号线管道退役的估计成本约为 6000 万美元。

为验证清管器和清洗剂相结合的组合清洗技术的效果，Enbridge 公司 2014 年在 3 号线管道一段 19.8km 长的管段进行了试验，采用一个化学列车(由两个 $18m^3$ 的清洗剂和一个 $35m^3$ 的水批次组成)，一个冲洗列车(由三个 $35m^3$ 的水批次组成)和第三列(由泡沫清管器和刮削清管器构成)来去除残留在管线中的残留流体。约 $5m^3$ 的清洗剂注入化学列车前面以润滑列车中的清管器，清洗列车用氮气推动。清洗前剩余油膜厚度 $25.4\mu m$，相当于管内 99.988% 的介质被清除，从而为确保 3 号线管道安全和避免环境污染提供了保障。

14.2 拆除为主的废弃案例

当前拆除为主的废弃案例较少，以加拿大育空(Yukon)成品油管道废弃案例最为典型。具体介绍如下。

(1)管道基本情况[84,85]

育空(Yukon)管道于 1942 年由美国军方建设，输送介质为高炉燃油、柴油、汽油，管道始于美国阿拉斯加州卡格威，止于加拿大育空地区怀特豪斯(Whitehouse)市，全长 144.5km，其中位于不列颠哥伦比亚省 52.3km，育空省 92.2km，管道外径 114mm。育空管道有限公司(YPL)于 1958 年购买了该管道及相关设备。1962 年，加拿大国家能源局出于公众便利性以及监管加拿大境内管段的必要性考虑，准许 YPL 运营加拿大境内从白关(White Pass)至美国阿拉斯加边境线的管段，并称为育空管道。

育空管道大部分位于靠近由 YPL 总公司经营的铁路旁(见图 14-2)，穿过各种人烟稀少的地区，有时穿过沙地，但更多的是经过湿地和岩石地形区域。此外，管道还穿过许多溪流，并且蜿蜒在许多水体岸边，包括位于班尼特湖岸边的 26km 管段，以及位于沙洛湖与伯纳德湖岸边的 4km 管段。

图 14 -2 Yukon 管道靠近铁路的部分

管道没有阴极保护，而且大量管道没有涂层，因此在管道埋在水下或者与潮湿地面接触的情况下，很容易被侵蚀。这些因素导致在管道运营的过程中，管道沿线发生了许多泄漏事故(有时未被检测到)。

(2)废弃原因

育空管道每天输送 250000L 汽油至怀特豪斯，是怀特豪斯地区主要的汽油供应来源，其中大部分的汽油用量集中在育空地区和阿拉斯加东部地区。而该管道及设备已运行 50 多年，且每年需投入大量的维护维修费用。如果遵照当时监管的要求进行设备升级，成本非常高。YPL 认为这条老化的管道的运营已经不再具有经济性，随着这片区域新高速公路的改进，用罐车运输汽油到怀特豪斯已经比用管道运输更加合算。

1995 年 1 月，YPL 公司决定废弃管道，并开始对管道进行减压，以及排空管输介质。

(3)废弃过程

1995 年 7 月 12 日，YPL 按照 NEB 法案第 74(1)(d)条的规定，正式向 NEB 提交了管道废弃申请。随后，NEB 向公众及相关利益者征求意见，并同时要求 YPL 提交相应的材料。

1996 年 6 月，YPL 提交了相关设备的环评报告。1996 年 8 月 20 日，NEB 召开了公众听证会，Hillcrest 社区委员会、Yukon 自然环境保护协会、加拿大环保局、加拿大交通运输局等部门参与了听证会。大家对管道的废弃并无异议，但要求 YPL 提交有关管道废弃处置方式、污染物清理措施、未来影响等方面的咨询和评价报告。

随后，YPL 通过召开公众咨询会议，向公众、政府机构、相关利益者提供了有关废弃计划、管道废弃处置方案、残留物清理方案、废弃投资计划等信息，并开展了多次的咨询。同时，YPL 还提交了不同阶段的环境影响评估报告、土地处置报告、废弃基金计划等材料。最终，NEB 对 YPL 所提交相关材料及其所做的努力表示认可，同意 YPL 提交的管道及设备废弃申请。

管道废弃处置施工时，首先完成管道中液态烃的清除工作，具体为利用压缩空气推动橡胶辊轴类型的清管器清扫管道 3 次，并在低洼地区安装排污阀，以排净管道内的残渣。在管道清理完成以后，残留物评价没有发现污染物存在的迹象。然后，对管道进行拆除工作，使用装在平板车上的液压剪床，将管道切割成 12.2m 长的管段，切分的管段使用起重机装载到平板车上运离现场。针对铺设在一层薄的道碴和填平物下的管段，每隔一段距离对管道进行切管操作，然后直接从地下拉起，以避免与植被接触。一条长度为 2km 的管段，穿过靠近考利湖的一处湿地，在冬季水面结冰时才被移走，目的是尽量减小工程对湿地产生的影响。对于铺设在公路或者铁路下的管段(仅有不到管道总长度的 1%)，用惰性物质(如泥浆和混凝土)将管道填充后原位弃置。

14.3　就地废弃为主拆除为辅的废弃案例

14.3.1　美国密歇根州卡拉马祖(Kalamazoo)管道废弃

(1)管道基本信息[86]

该管道主要是从卡拉马祖郡的油库输送原油到卡拉马祖市的一家炼厂，建于 20 世纪 70 年代早期，管道长 17mile(27km)，外径 762mm。1986 年下游炼厂停产，油库一直使用至 20 世纪 90 年代。在炼厂停产后，管道也同时废弃，但当时管道内的介质并未排空，也没有进行合理的废弃处理。

(2)废弃原因

20 世纪 90 年代，由于管道本体性能下降，加之沿线地区开发的压力，为避免对管道沿线居民、环境敏感区及水源地的人员安全和环境造成威胁。美国国家环境保护局(EPA)使用油污染法案基金对炼厂管道和储罐进行拆除，并将有关处理后的现场转移给密歇根州环境质量部(MDEQ)。随后，环境质量部组织整体废弃工作。环境质量部按照自然资源与环境保护法案第 201 部分的说明，将该管道界定为"废弃容器"，要求其所有者仍应承担对排放物处理的责任。

(3)废弃过程

废弃计划实施前，环境质量部召集各个利益相关方进行广泛讨论，制订方案，选择施工方并签订合同，开始废弃工作。整个废弃工作从环境较不敏感的地区、交通便利处和地势较高的地方开始，施工点共设计了 33 处，以方便工人接近管道及管道附属的地下设施。在排空管内原油，清管作业完成后，由于废弃管道不可能成为污染物迁移的途径，施工方原计划通过盲板封堵管道两端的方式直接废弃，但是，在咨询当地利益相关方的意见后，最终 97% 的管道注浆，小于 1% 的管道未注浆就地废弃，约 2% 管道物理拆除。管道完成灌浆后，施工方对土地进行了回填并且压实所有施工通行处的土壤，对表层土壤进行了合理的恢复。由于最初施工选址的科学合理，恢复工作较容易，只有少数区域进行了特别处理。

14.3.2　加拿大特纳瓦利2号管道

（1）管道基本信息

特纳瓦利2号管道（Turner Valley #2）（以下简称 TV2 管道）1925 年由加拿大西部天然气及光热能源公司建设，从特纳瓦利油气田到卡尔加里输送低硫天然气，管道外径为 273mm，长度为 33km。建设时管沟人工开挖，并且管道采用套筒伸缩接头连接。

（2）废弃原因

首先，管道建设时埋深较浅，最大埋深只有 457mm。经历阿尔伯塔省南部洪水季节后，部分管段已暴露在外，如图 14 - 3 和图 14 - 4 所示。其次，由于管道建设较早，目前管道面临严重的腐蚀问题。此外，管道沿线环境也发生了较大的变化，新生长了较多的树木，并且管道路由距离居民住宅的距离也较近，如果发生事故带来的环境破坏和社会公共安全威胁风险较高。在运营 80 年后，2015 年管道业主决定废弃。

图 14 - 3　树林中的裸露管段

图 14 - 4　溪流中的裸露管段

（3）废弃过程

运营方制订了周全的管道废弃工作计划。首先把管道路由划分为一个个的工作区，并且在考虑技术、安全环保、土地使用及土地所有者的需求意见后，对每一个工作区分别制订管道废弃计划。公司针对每一个工作区的管段分别决定采用原位弃置或拆除的处理方式，由于大部分管道埋深较浅，所以较多的管段采用拆除废弃的处理方式，而埋深较深的管段就采用原位弃置的处理方式。

该管道在进行废弃操作时，同管道建设期的考虑因素非常相似，都包括要考虑鱼类及动物的活动、农业活动以及土壤的状况。除此之外，还考虑管道沿线居民的需求，如管道沿线的某业主禁止对斯坦皮德市境内的管段进行施工作业。

根据阿尔伯塔省能源保护委员会的规定，如果某条管道的较长管段需要进行拆除，则环保组织会视为管道新建项目进行审批。具体来说，如果需要进行拆除废弃的管道的外径（mm）与管道的长度（km）的乘积大于2690，则根据阿尔伯塔省1994年的环境法规，必须取得环境保护与再生组织的许可后才可以进行拆除。在向环境保护与再生组织提交废弃申请时，必须包含管道土壤地址调研结果及土地恢复的方案，以确保管道在废弃后土地可以恢复到施工前的状态。对于那些有河流穿跨越的管道，还需要取得相关渔业组织及海洋组织的许可。

废弃期间，对管道穿越处、可能发生导流的地方进行特别处理。为避免穿越道路和铁路的废弃管道塌陷后引起地面沉降，通常有必要进行填充处理。具体而言，对于公路穿越处的废弃管道需要进行如下操作：

1）确保管道或管道的一部分清除所有气体并吹扫干净；

2）在需要的地方安装收发球筒，对待废弃的管道进行清管作业；

3）开挖道路两侧的管道；

4）检查确保管道没有任何的残留液体；

5）在道路允许边界处切割管道；

6）将管沟中的管道拆除，以便后期道路可以进行维护或者拓宽；

7）在道路两侧安装排气管，以方便泵送浆液或水泥；

8）管道注浆填充及管端盖帽封堵后原位弃置；

9）在道路两侧的安装管道警告标志。

TV2管道共有公路穿越12处，这些地方的管道废弃会需要更多的人力工作，通常来说需要12~15个员工工作3d才能完成一处公路穿越处的管道废弃工作。

对于河流穿越处，如果穿越点稳固的话，最佳选择是向管道内填充惰性材料并且选择原位弃置的处理方式（见图14-5）。当原位弃置不可行（如管道由于腐蚀已经暴露）时，出于环境和安全的考虑，需要将管道进行拆除。

最终，3年内完成TV2管道的废弃，期间施工170d，切割并封堵90处，处理道路穿越12处，并采用拖拽方式拆除4个河流穿越处的管段，共拆除约11km的管道，其余约22km管道就地弃置[87]。

图 14 –5 管道注浆现场

14.3.3 美国 Northwest 管道废弃案例

(1)管道基本信息

美国西北管道公司(Northwest Pipeline Corporation)现存的苏马斯—沃舒格尔走廊包括：①约 268mile 长的 26in 口径管道，最大允许工作压力(MAOP)为 809psig，②一条平行的 30in 直径管道，MAOP 为 960psig，③4 个环路段共计约 28mile 长 36in 直径管道，MAOP 为 960psig，④7 个压缩机站，压缩量约为 150000 马力，以及⑤相关的支线设施和计量站。该走廊的原始设施(包括 26in 管线)于 1956 年建设，随后进行了多次修改和扩建。

(2)废弃原因

口径 26in 的管道发生了一系列故障后，公司启动管道更换工程项目，以响应据美国运输部管道安全办公室(OPS)发出的《纠正措施令》(Corrective Action Order)。

最初的《纠正措施令》是因 2003 年 5 月 1 日在华盛顿塔普斯湖附近发生的管道破裂而发出的，要求西北管道将苏马斯至沃舒格尔之间 26in 管道的运行压力限制为最大允许工作压力的 80%，并要求西北管道公司评估其管道的完整性及采取补救措施。由于 2003 年 12 月 13 日在华盛顿刘易斯县托莱多附近发生了第二次失效，OPS 于 2003 年 12 月 18 日发布了修正的《纠正措施令》。

修正后的纠正措施令要求西北管道公司：①26in 管道在最大压力为 100psig 下运行，直到成功测试后才能消除这种压力限制(实际上等于闲置)；②在 3 年内(到 2006 年 12 月 18 日)更换苏马斯—沃舒格尔走廊中位于 3 类人口密度区的管道部分；③在 5 年内(到 2008 年 12 月 18 日)更换位于 2 类人口密度区域的 26in 的线路部分；④在 10 年内(到 2011 年 12 月 18 日)更换 26in 管线的其余部分。2004 年 4 月 9 日，OPS 澄清说，可通过废弃和逐英里更换管线来满足管线更换要求。

2004 年 11 月 29 日，西北管道公司根据"天然气法"(NGA)第 7(b)条向联邦能源监管委员会(FERC)提出申请，废弃华盛顿州苏马斯和沃舒格尔之间 431km(268mile)直径 660mm(26in)的天然气管道。2005 年 5 月 31 日，委员会认为西北管道公司提出的更换项目符合公共利益，因为它将确保公司可以遵守当前的安全和操作标准，同时保持满足客户承诺的能力。待完成环境评价审查后，将授权批准扩容项目。

由此可见，该26in口径管道是由于多次发生泄漏事故，完整性状况恶化，被迫废弃。

（3）废弃过程

作为更换项目的一部分，西北管道公司建议尽可能地保留现有26in口径管道，以备将来使用。虽然公司收到了一些评论，建议拆除现有26in口径管道。后经过不同方案的对比分析，为减轻经济、环境和土地所有者的影响，西北管道公司计划就地废弃26in口径管道设施中的大部分，仅拆除约15.60mile。

就地废弃现有的26in口径管道涉及管道置换，以便去除管内的气体和积聚的材料（如冷凝水）。计划采用氮气置换管道，并排除水。管道置换后，低压充氮封存，同时保持阴极保护，以最大限度地减少腐蚀。

西北管道公司对26in口径管道的未来表示乐观，因为正在开发新技术，该技术可以使该管道重新投入使用，以供将来的天然气输送使用。假如可以识别并修复管道异常以满足DOT的要求，与建设新设施相比，现有管道可能会提供一种经济高效且影响较小的替代方案，以解决未来的天然气需求。

14.3.4　加拿大TransCanada和平河管道废弃案例

（1）管道基本情况

和平河干线管道外径为508mm，长度为495km，1968年建设，开始输送原油，隶属于NOVA天然气运输有限公司（NGTL）。1971年由NBGTL的前身即阿尔伯塔天然气主干线公司（AGTL）从和平河石油管道有限公司购买，1972年11月1日NGTL将其改为输气管道[88]。NGTL是TransCanada PipeLines Limited的全资子公司，而TransCanada PipeLines Limited又是TC Energy Corporation的子公司。

（2）废弃原因

2009年TransCanada有限公司预测，确定不再需要和平河干线管道位于Meikle河压缩机站和Valleyview压缩机站之间266km长的环线部分满足客户未来的天然气输送业务，因此决定退役该部分管道。

（3）废弃过程

2012年8月28日NGTL根据《陆上管道法规》（OPR-99）第45.1节的规定，向当时的国家能源委员会（NEB）提出退役申请，计划退役外径508mm、长266km的和平河干线环路部分，外径114.3mm、长2.34km的支线部分，以及泵站、计量站。然而，NEB建议申请废弃（输送服务会中断）而不是退役（输送服务不会中断），因此NGTL撤回申请。于是，2016年8月18日NGTL向NEB提出废弃申请，其中266km管道除了位于鲟湖国家自然保护区的9km管道拆除以外，其余约257km的管道就地废弃；2.3km支线管道同样就地废弃[89]。

2018年3月14日，在对该项目的技术和环境方面进行了全面审查后，NEB批准废弃申请，但是附加了 22 个条件。

和平河管道废弃工程活动主要包括：

1）废弃管道与在役管道物理隔离；

2）按照 CSA Z662 标准，利用空气置换管道，清除液体或者杂物；

3）必要时对管道进行分段隔离或者拆除；

4）穿越高速公路、公共道路管段（无穿铁路管段）进行注浆填充；

5）所有相关的地面设施（如阀室、计量站、压缩机站）将被拆除至地面 1m 以下；

6）所有拆除设备和管道将回收或在授权的处理设施中处置；

7）受影响区域的环境恢复；

8）后期监测。

其中，穿越埋深小于 2.5m 的碎石路的管道用水泥浆填充，而埋深大于 2.5m 的不填充；穿越公共设施的管道不注浆，因为这些设施位于管道下面，注浆填充会对公共设施的稳定性造成影响。

管道置换和清洁时，清洁清管器由氮气段塞和两个机械清管器构成，采用压缩氮气或者空气推动。如果两次连续运行中，和平河干线收集的固体或液体的体积超过 10L，支线管道收集的固体或液体的体积超过 2L，则将再次清洁。

为避免导流效应，在 32 个位置进行了隔离封堵，隔离封堵位置选择在废弃活动施工位置（如拆除管段、拆除截止阀，注浆处）及穿越水体处。

整个工程，NGTL 估计成本为 2970 万美元。

14.4　计划废弃但未获批的案例

美国 Midla 干线管道是典型的计划废弃但未获批准的案例，具体介绍如下。

（1）管道概况

美国 Midla 管道于 1926 年建设，用于输送门罗气田的天然气至路易斯安那州的巴吞鲁日，全长 595km，主干线管径 16～22in，2014 年废弃申请时已经运营了 88 年。

（2）废弃原因

①Midla 管道套筒伸缩接头连接，而非焊接，设计上存在不足，且管道运行近 90 年，管体本体失效风险高，所面临的环保和安全问题突出，如图 14-6 和图 14-7 所示。

②Midla 管道穿越大量的高后果区。例如，管道沿线有一座监狱和一所大学，未来还将建设几个大型的社区。

③原管道不适合应用现代工具发现或者预测泄漏，管道已经泄漏数十年，泄漏率仍在增加。

④门罗气田储量下降导致管道近年来的输量急剧下降，与 20 世纪 70 年代相比，目前输量只有当初的 1/3，低输量不仅难以满足用户要求，对压缩机也造成了极大的伤害。

图14-6　管道接头的腐蚀

图14-7　局部管段暴露在外

可见，Midla 干线管道的老化和设计缺陷导致了无法避免的安全和可靠性问题，且修复的工程量极大。因此，Midstream 公司向 FERC 提出 Midla 管道废弃的申请，计划采取就地废弃的处置方式。

然而，Midla 基于管道完整性和持续运营安全性提出的废弃申请，引起了路易斯安那州天然气客户的强烈抗议。美国参议员玛丽·兰德里厄（Mary Landrieu）（以及其他几位政治家和纽约州市政天然气管理局）强烈反对废弃该管道，并估计该管道"至少会使普通居民每月的公共支出翻倍"。在 FERC 发起与受影响的利益相关者的和解谈判之后，Midla 初步同意更换部分线路以改善服务，而不是完全废弃[90]。

第 15 章 总结与展望

目前，国际上还没有针对陆上油气管道废弃的普遍认可做法。整体而言，北美地区相关研究与实践较多，特别是加拿大和美国。加拿大是目前公布陆上油气管道废弃相关资料最为全面的国家，其有关讨论与研究长达 35 年，在油气管道废弃监管、废弃方式选择、废弃过程中必要的处理环节、废弃后的维护，以及管道废弃基金设立与管理方面均已形成较完善的做法，并且仍在深入研究。全球范围内，油气管道废弃尚未大规模发生，然而北美地区的相关实践也最为丰富。

我国虽然相关研究起步晚，但是发展迅速，目前在废弃管道关键处置技术方面与国外差距很小，具有一定优势，不过技术全面性有待提升，同时在管道废弃相关的监管和管理方面与国外差距较大。今后 5~10 年是我国提升管道废弃业务水平的重要时期，一方面退役"八三"管道为业界开展工程实践提供了舞台，也为相关科研提供了条件；另一方面当前我国尚未大规模面临油气管道废弃问题，有足够的时间全方位弥补短板，从而为应对未来常态化的废弃业务奠定坚实基础。

未来 15~25 年我国油气管道废弃问题将尤为突出，并且该领域会朝着政府严格监管、企业规范管理、废弃技术日趋专业和全面的方向发展。今后一段时期内，业界可从以下 4 个方面推动管道废弃业务的发展。

第一，弥补技术不足，并推动已有技术的深化发展。

开展废弃管道污染物的现场测试方法、环保清洗剂研发、废弃管道专用处置设备开发、废弃管道再利用检测评价研究，推动长距离注浆与清洗技术的深化发展，以及专业技术装备的形成。

第二，加强废弃管道相关的基础理论研究。

开展废弃管道结构完整性研究，导流效应、土壤沉降、冻胀效应的影响研究，以及涂层退化对环境的污染影响研究等，为预防可预见风险提供理论支持，从而推动管道废弃处置技术的科学发展。

第三，促进管道废弃相关制度与标准的建设。

制定行业或者国家层面的管道判废标准或者制度文件，规范废弃管道处置相关的环境影响评价内容和方法，明确废弃管道后期责任、废弃管道所处土地所有权或者土地置换准则，建立管道废弃基金提取与管理机制、废弃管道资产转让、出售等规章制度、老旧管道价值评估方法等。

第四，通过科研和工程实践夯实业务水平，推动人才队伍和专业机构的发展。

选取典型工程进行长期跟踪监测，通过现场的真实反馈，进一步指导技术研究方向调整，并促进法规、标准的完善；加强科研课题与现有老旧/退役管道处置工程的结合，通过理论和实践的结合促进人才队伍的成长，进而推动管道废弃专业化公司和评估机构的形成。

致谢

陆上管道废弃是我国油气行业一项较新的业务，业界从最初缺乏系统地认识到现在取得关键性技术突破，并在处置措施方面建立标准，形成一定行业共识，离不开以中国石油、中国石化、国家管网为代表的国有企业在管道废弃课题立项和工程现场方面的大力支持，在此深表感谢。

管道废弃也是一个相对复杂的问题，涉及法规、技术、经济、管理等多方面的内容。本书共分14章介绍了陆上油气管道废弃的有关内容，以期为业界同行和感兴趣的读者全方位了解该问题提供帮助，相关内容的成稿得到了大量业界同行和朋友的帮助。

在此要特别感谢：国家管网集团北方管道公司的王洪涛、郭正虹、陈振华、陈新华、陈洪源、刘玲莉、卢启春、李景昌、荆宏远、赵晋云、孙伶、赵君等人在管道判废和废弃处置技术研究方面的贡献，冯文兴、燕冰川、温文、王燕敏、庞洪雷、赵恩峰等人在标准和法规对比分析、弃置费用计提方面所做的工作，以及国家管网集团东部管道公司曹国民、顾春琳、毛俊辉、彭云超等人在管道清洗技术和废弃管道再利用方面给予的帮助。

同时，本书编写过程中，借鉴了一些国内专家、学者、工程人员在管道清洗、切割，PCBs 和 NORM 污染治理等方面的研究成果，在此由衷表示感谢！

参考文献

[1] Canada Pipeline Abandonment Steering Committee. Pipeline abandonment – A discussion paper on technical and environmental issues[EB/OL]. 1996. https：//www. cer – rec. gc. ca/en/consultation – engagement/pipeline – abandonment/pipeline – abandonment – discussion – paper – technical – environmental – issues. html.

[2] Jessica M. Swanson, Tom Kunicky, Pete Poohkay. Environmental Considerations for Pipeline Abandonment A Case study from abandonment of a Southern Alberta Pipeline[C]//Proceedings of the 8th International Pipeline Conference, September 27 – October 1, 2010, Calgary, Alberta, Canada.

[3] TransCanada Keystone Pipeline GP Ltd. Pipeline Abandonment – Financial Issues(RH – 2008) Application for Approval of Cost Estimates[R]. National Energy Board, 2011.

[4] A new Canadian Energy Regulator[EB/OL]. https：//www. canada. ca/en/services/environment/conserva-tion/assessments/environmental – reviews/national – energy – board – modernization. html.

[5] Regulating pipeline abandonment[EB/OL]. http：//publications. gc. ca/site/eng/9. 694470/publication. html.

[6] Pipelines[EB/OL]. https：//www. aer. ca/providing – information/by – topic/pipelines.

[7] Canada National Energy Board, DNV. Pipeline Abandonment Scoping Study[EB/OL]. 2010[2020 – 3 – 31]. https：//www. cer – rec. gc. ca/prtcptn/pplnbndnmnt/pplnbndnmntscpngstd. pdf.

[8] Pipeline Abandonment Legal Working Group. Legal Issues Relating to Pipeline Abandonment：A Discussion Pa-per[EB/OL]. 1997[2020 – 8 – 1]. https：//apps. cer – rec. gc. ca/REGDOCS/File/DownloadFile/A1I2C8.

[9] Canadian Energy Pipeline Association(CEPA). Pipeline Abandonment Assumptions —Technical and Environ-mental considerations for development of Pipeline Abandonment strategies[EB/OL]. 2006[2020 – 8 – 1]. http：//apps. cer – rec. gc. ca/REGDOCS/File/Download/3178966.

[10] 帅健. 美国油气管道的安全管理体系研究[J]. 油气储运, 2008, 27(7)：6 – 11.

[11] 何仁洋, 吉建立. 美国油气管道安全管理经验及启示[J]. 质量探索, 2014(6)：45 – 46.

[12] 40 CFR Part 761 – Polychlorinated biphenyls(PCBs) manufacturing, processing, distribution in commerce, and use prohibitions[S]. Environmental Protection Agency(EPA), 2012 – 07.

[13] David Howell. Pipeline Equities. Deconstruction of Pipelines[EB/OL]. http：//www. pipelineequities. com/deconstruction – of – pipelines. php.

[14] David Howell. Pipeline Equities. How to Recycle a Pipeline[EB/OL]. http：//www. pipelineequities. com/how – to – recycle – pipeline. php.

[15] Petroleum institute of Thailand. Onshore pipelines decommissioning guideline[EB/OL]. 2008[2015 – 3 – 15]. http：//www. ptit. org/download/webdecom/Attachment% 20F% 20（ Draft% 20Onshore% 20Pipelines% 20Decommissioning% 20Guideline). pdf.

[16] Centre of Excellence In Pipeline Services. Oil removal and DN 700 pipeline cleaning in Latvia[EB/OL]. 2011 [2020 – 5 – 10]. http：//ceps – as. cz/en/projects/oil – removal – and – dn – 700 – pipeline – cleaning – in – latvia. html.

[17] Canadian Energy Regulator Act[EB/OL]. https：//laws – lois. justice. gc. ca/eng/acts/C – 15. 1 /Full Text. html.

[18] Canadian Energy Regulator Onshore Pipeline Regulations[EB/OL]. https：//laws – lois. justice. gc. ca/eng/regulations/SOR – 99 – 294/FullText. html.

[19] Pipelines[EB/OL]. https：//www. aer. ca/providing – information/by – topic/pipelines.

[20] Pipeline Act[EB/OL]. https：//www. qp. alberta. ca/1266. cfm? page = p15. cfm&leg_ type = Acts&isbncln = 9780779817528&display = html.

[21] Pipeline Rules[EB/OL]. https：//www. qp. alberta. ca/1266. cfm? page = 2005 _ 091. cfm&leg_ type =

Regs&isbncln = 9780779821808&display = html.

[22]Directive 056[EB/OL]. https：//www. aer. ca/regulating － development/rules － and － directives/directives/directive － 056.

[23]Pipeline and Hazardous Materials Safety Administration. About data & statistics[EB/OL]. http：//www. phm-sa. dot. gov/pipeline/library/data － stats/.

[24]49 CFR Part 192[EB/OL]. https：//www. law. cornell. edu/cfr/text/49/part － 192.

[25]49 CFR Part 195[EB/OL]. https：//www. law. cornell. edu/cfr/text/49/part － 195.

[26]40 CFR Part 761[EB/OL]. https：//www. law. cornell. edu/cfr/text/40/part － 761.

[27]15 U. S. Code CHAPTER 15B—NATURAL GAS[EB/OL]. https：//www. law. cornell. edu/uscode/text/15/chapter － 15B.

[28]SECTION 7. 465. Abandonment[EB/OL]. http：//txrules. elaws. us/rule/title16_ chapter7_ sec. 7. 465.

[29]SECTION 21. 39. Ownership, Function, Abandonment, and Idling of Facilities[EB/OL]. http：//txrules. elaws. us/rule/title43_ chapter21_ sec. 21. 39.

[30]Offshore Decommissioning Unit Department of Energy and Climate Change. Guidance notes for industry on the decommissioning of offshore installations and pipelines under the Petroleum Act 1998[EB/OL]. 2013[2019 － 3 － 15]. https：//www. gov. uk/government/uploads/system/uploads/attachment _ data/file/69754/Guidance_ Notes_ v6_ 07. 01. 2013. pdf.

[31]BP External Affairs Department. North West Decommissioning Programme[R]. February, 2006.

[32]温维众, 尹晓光. 国内外输油(气)管道清洗技术综述[J]. 管道技术与设备, 2000(1)：34 － 37.

[33]马汝涛, 徐依吉. 石油工业中长距离运输管道的清洗技术[J]. 清洗世界, 2007, 23(10)：24 － 29.

[34]刘刚, 陈雷, 张国忠, 等. 管道清管器技术发展现状[J]. 油气储运, 2011, 30(9)：646 － 653.

[35]姚毅. 克乌输油复线油改气工程实践[J]. 油气储运, 2000, 19(1)：46 － 48.

[36]张红兵, 陈艳芳, 何明金. 濮临线输油改输气管道清洗[J]. 天然气与石油, 2002, 20(1)：5 － 8.

[37]中海石油(中国)有限公司天津分公司. 曹妃甸1 － 6 油田设施废弃拆除方案[EB/OL]. 2010[2020 － 3 － 24]. http：//wenku. baidu. com/link? url = gNbmOdI9bguCNbCE0uU － S2lgf1COwpfpxhk6Gdw － naYPul_ zwzN1dIw5NbLsMjjlT7zZK1UiVppXXG4sX6pm9AKQizoQpZTcBsQZn8myVgS.

[38]奉虎, 王彦红, 刘佳. 滩涂段废弃油气管道置换清洗及废液回收新工艺[J]. 中国海洋平台, 2010, 25(6)：52 － 55.

[39]Exchange of 32 pipes of crude oil pipeline DN 500 within 88 hours[EB/OL]. 2007[2020 － 3 － 21]. http：//www. ceps － as. cz/en/projects/exchange － of － 32 － pipes － of － crude － oil － pipeline － dn － 500 － within － 88 － hours. html.

[40]Petroleum institute of Thailand. Onshore pipelines decommissioning guideline[EB/OL]. 2008[2020 － 3 － 21]. http：//www. ptit. org/download/webdecom/Attachment% 20F% 20（Draft% 20Onshore% 20Pipelines% 20Decommissioning% 20Guideline). pdf.

[41]Centre of Excellence In Pipeline Services. Oil removal and DN 700 pipeline cleaning in Latvia[EB/OL]. 2011[2015 － 5 － 10]. http：//ceps － as. cz/en/projects/oil － removal － and － dn － 700 － pipeline － cleaning － in － latvia. html.

[42]冯德飞, 卢文良, 张树国. 东海大桥70m 箱梁预应力施工技术[J]. 铁道建筑技术, 2006(2)：47 － 50.

[43]田杰. 天然气管道真空干燥技术的应用研究[J]. 焊管, 2010, 3(1)：57 － 60.

[44]国家发展和改革委员会. SY/T 4114—2008 天然气输送管道干燥施工技术规范[S]. 北京：石油工业出版社, 2008.

[45]张太佶, 周愫承. 海底管线拆除、回收的方法研究[J]. 中国造船, 2002(42)：225 － 231.

[46]刘宗秀. 爆破切割输油管的试验研究[J]. 油气储运, 1998, 17(7)：21 － 24.

[47]侯辉娟. 反应堆退役中大型设备和管道拆除方案研究[C]//中国核学会核化工分会成立三十周年庆

祝大会暨全国核化工学术交流年会会议，2010.

[48] David Howell. Asbestos – coated Pipeline Handling Tips［EB/OL］. 2010［2015 – 9 – 3］. http://www. pipelineequities. com/asbestos – coated – pipeline – handling – tips. php.

[49]陈连山，尹辉庆，赵杰. 长输油气管道施工技术［M］. 北京：石油工业出版社，2009：111 – 113.

[50] Canada Energy Regulator. CER filling manual［EB/OL］. 2020. http://neb – one. gc. ca/en/applications – hearings/submit – applications – documents/filing – manuals/filing – manual/filing – manual. pdf.

[51]NOVA Gas Transmission Ltd. Environmental and Socio – Economic Assessment for the Proposed NOVA Gas Transmission Ltd. Peace River Mainline Decommissioning Project［R］. August，2012.

[52]Petroleum Technology Alliance Canada(PTAC). Understanding the Mechanisms of Corrosion and their Effects on Abandoned Pipelines［EB/OL］. https://www. ptac. org/understanding – the – mechanisms – of – corrosion – and – their – effects – on – abandoned – pipelines/.

[53]Petroleum Technology Alliance Canada(PTAC). Decomposition of Pipe Coating Materials in Abandoned Pipelines［EB/OL］. https://www. ptac. org/wp – content/uploads/2016/08/Final – Report – 18. pdf.

[54]郭正虹，康叶伟，王洪涛，等. 陆上废弃管道处置中组合清洗技术的应用［J］. 油气储运，2017，36(4)：430 – 434.

[55]胡芳，许振成. 多氯联苯(PCBs)污染现状分析［J］. 广东化工，2012，39(1)：87 – 88.

[56]魏晋飞，赵霞，景凌云，等. 环境中多氯联苯(PCBs)的污染现状、处理方法及研究展望［J］. 应用化工，2019，48(8)：1908 – 1913.

[57]黄相国，邢峰，陈果，等. 浅谈我国多氯联苯污染控制现状及对策［J］. 环境保护科学，2009，35(6)：29 – 30，54.

[58]Petroleum Technology Alliance of Canada. Cleaning of Pipelines for Abandonment［EB/OL］. 2020［2015 – 09］https://www. ptac. org/wp – content/uploads/2016/08/Final – Report – 17. pdf.

[59]董良云，张宇，罗瑜，等. 多氯联苯管理体系探讨［J］. 环境科学与管理，2008(1)：1 – 4，8.

[60]Fact Sheet：Sources of Polychlorinated Biphenyls［EB/OL］. https://www. oregon. gov/deq/FilterDocs/ph – SourcePCBs. pdf.

[61]Pipeline PCB Contamination and Remediation Project［EB/OL］. https://www. ingaa. org/Foundation/FDNreports/1322. aspx.

[62]Managing PCBs in Natural Gas Systems［EB/OL］. https://www. pca. state. mn. us/sites/default/files/w – hw4 – 48m. pdf.

[63]李琴，蔡木林，李敏，等. 我国危险废物环境管理的法律法规和标准现状及建议［J］. 环境工程技术学报，2015，5(4)：306 – 314.

[64]邢颖，吕永龙，史雅娟，等. 焚烧、水泥窑和安全填埋法处置 PCBs 污染物技术优选［J］. 环境科学，2007(3)：673 – 678.

[65]NORM(Naturally Occurring Radioactive Material)［EB/OL］. https://www. rrc. state. tx. us/oil – gas/applications – and – permits/environmental – permit – types – information/norm/.

[66]黄晓东，张晓兰. 天然放射性物质及环境问题［J］. 油气田环境保护，1995(4)：56 – 58.

[67]练章富，邓昌松，林铁军，等. 油气工业中天然放射性物质的安全处理措施［J］. 安全与环境工程，2012，19(2)：136 – 139.

[68]刁垒. 石油、天然气工业中 NORM 的初步探讨［A］. 第三次全国天然辐射照射与控制研讨会论文汇编［C］//中国环境科学学会核安全与辐射环境安全专业委员会、中国核学会辐射防护分会、中华医学会放射医学与防护学分会、中华预防医学会放射卫生专业委员会、中国毒理学会放射毒理专业委员会：中国核学会，2010：4.

[69]米宇豪，以恒冠，廖运璇，等. 油气工业中放射性废物的处理和处置［J］. 核安全，2020，19(1)：36 – 42.

[70]董涛．克拉玛依某油气工业辐射环境现状调查与对策[J]．新疆环境保护，2019，41(2)：32－37．

[71]马光勋，林莲卿，闻慧芬．任丘天然气田氡含量及其变化[J]．中华放射医学与防护杂志，1994(5)：308－310．

[72]徐乃英．已占用管道的再利用[J]．邮电设计技术，2004(6)：34－38．

[73]FERC OKs Abandonment of 770 Miles of Trunkline Pipe System[EB/OL]．2013[2020－4－8]https：//www．naturalgasintel．com/articles/96367－ferc－oks－abandonment－of－770－miles－of－trunkline－pipe－system．

[74]John Tiratsoo．Pipeline Pigging Technology[M]．Houston：Gulf Professional Publishing，1992：164－177．

[75]刘刚，陈雷，张国忠，等．管道清管器技术发展现状[J]．油气储运，2011，30(9)：646－653．

[76]闵希华，张招勤，孙建刚，等．克—乌输油复线改输天然气实践与研究[J]．管道技术与设备，2000(5)：1－5，7．

[77]刘海峰，王毅辉，吴斌．输油管道改输气的材料评价方法[J]．天然气工业，2000(6)：92－94．

[78]National Energy Board(NEB)．Reasons for Decision RH－2—2008，Land Matter Consultation Initiative Stream 3[EB/OL]．https：//apps．cer－rec．gc．ca/REGDOCS/Item/Filing/A21835．

[79]National Energy Board(NEB)．Reasons for Decision Set－aside and collection mechanisms MH－001—2013[EB/OL]．https：//apps．cer－rec．gc．ca/REGDOCS/File/Download/2477576．

[80]National Energy Board．Reasons for Decision，Facilities abandonment[EB/OL]．1996[2014－05－30]．https：//www．neb－one．gc．ca/ll－eng/livelink．exe/fetch/2000/90464/90552/92267/92704/92706/1996－07－01_Reasons_for_Decision_MH－1－96．pdf? nodeid＝92722&vernum＝0．

[81]L3D Decommissioning Plan[EB/OL]．https：//www．enbridge．com/~/media/Enb/Documents/Projects/Line%203/L3R%20Canada%20decommissioning/L3D%20Decommissioning%20Plan．pdf．

[82]Questions and answers on Enbridge Energy's Line 3 proposal[EB/OL]．https：//www．foxbusiness．com/markets/questions－and－answers－on－enbridge－energys－line－3－proposal．

[83]Line 3 Replacement Program(Canada)[EB/OL]．https：//www．enbridge．com/projects－and－infrastructure/projects/line－3－replacement－program－canada．

[84]National Energy Board(NEB)．Reasons for Decision：Yukon Pipelines Limited．Facilities Abandonment Proceedings MH－3－96．

[85]Roblin，Katherine E．An Overview of Environmental Issues Pertaining to Abandonment of an NEB－Regulated Pipeline：A Case Study of the Yukon Pipelines Limited Abandonment．Proceedings of IPC2006 6th International Pipeline Conference．September 25－29，Calgary，Alberta，Canada．

[86]JOHANNES H A，VALKENBURG J，SPRUIT J．Decommissioning an abandoned crude oil pipeline with numerous regulatory stakeholders utilizing multiple funding mechanisms[C]//National Ground Water and Environmental Law Conference，Chicago，Illinois，USA，May 5－6，2004．

[87]JESSICA M．Swanson，Tom Kunicky，Pete Poohkay．Environmental Considerations for Pipeline Abandonment：A Case study from abandonment of a Southern Alberta Pipeline．Proceedings of the 8th International Pipeline Conference IPC2010 September 27－October 1，2010，Calgary，Alberta，Canada．

[88]A2Y1W3－Peace River ML Decommissioning Application[EB/OL]．https：//apps．cer－rec．gc．ca/REGDOCS/Item/Filing/A45646．

[89]Nova Gas Transmission Ltd－Peace River Mainline Abandonment Project[EB/OL]．https：//www．cer－rec．gc．ca/en/applications－hearings/view－applications－projects/peace－river－mainline－abandonment/index．html．

[90]Pipeline Abandonment：Safety and Supply Concerns at the Heart of Recent Developments[EB/OL]．https：//www．pipelinelaw．com/2014/10/10/pipeline－abandonment－safety－supply－concerns－heart－recent－developments/．